BÜCHEREI FÜR LANDWIRTE
Herausgegeben von Professor Dr. Hanns v. Lengerken
Landwirtschaftliche Hochschule Berlin

Grundriß der Bodenkunde

von

Georg Frebold
Dr. phil., Dr. rer. nat., Privatdozenten der Geologie und Mineralogie
an der Technischen Hochschule zu Hannover

Mit 39 Abbildungen im Text und 2 Tafeln

Berlin und Leipzig 1926
Walter de Gruyter & Co.
vormals G. J. Göschen'sche Verlagshandlung / J. Guttentag, Verlagsbuchhandlung
Georg Reimer / Karl J. Trübner / Veit & Comp.

Druck von Walter de Gruyter & Co., Berlin W. 10.

Vorwort.

Der vorliegende Grundriß setzt es sich zur Aufgabe, den Landwirt in das so wichtige Gebiet der Bodenkunde einzuführen. Es wurde dabei der Versuch gemacht, neben physikalisch-chemischen Gesichtspunkten auch solche geologisch-petrographischer Art eingehend bei der Bearbeitung walten zu lassen.

Den Herren Prof. Dr. O. H. Erdmannsdörffer und Dipl.-Berging. J. Hesemann danke ich ergebenst für die Überlassung von Photographien; letzterem sowie meiner Frau danke ich auch herzlichst für die wertvolle Hilfe beim Lesen der Korrekturen und bei der Anfertigung des Sachregisters.

Hannover, im Dezember 1925.

Georg Frebold.

Inhaltsverzeichnis.

Seite

A. Einleitung: Begriff und Aufgabe der Bodenkunde. Bildung und Umbildung der Erdrinde. Geologische Perioden und ihre Bildungsprodukte ... 1

B. Der Stoff der Erdrinde.

I. Die gesteinsbildenden Mineralien ... 6
- a) Allgemeines ... 6
- b) Kieselsäure und Silikate ... 7
  - α) Allgemeines ... 7
  - β) Die wichtigsten Gruppen der Silikate ... 9
- c) Karbonate ... 16
- d) Phosphate ... 18
- e) Sulfate ... 19
- f) Sulfide ... 21
- g) Oxyde und Hydroxyde ... 22
- h) Chloride ... 23
- i) Nitrate ... 25
- k) Ammoniumverbindungen ... 25

II. Die bodenbildenden Gesteine ... 26
- a) Allgemeines ... 26
- b) Eruptivgesteine ... 27
- c) Kristalline Schiefer ... 33
- d) Tone und Tonschiefer ... 34
- e) Kalk- und Dolomitgesteine ... 35
- f) Konglomerate, Sandsteine und Sande ... 37
- g) Dluviale und Alluviale Bildungen ... 40

C. Der Verwitterungsprozeß.

I. Vorbemerkungen ... 47

II. Physikalische Verwitterung: Gesteinszerfall ... 48

Seite

a) Temperaturwirkungen ... 48
b) Frostwirkungen ... 48
c) Druckwirkungen ... 49

III. Chemische Verwitterung: Gesteinszersetzung ... 51

a) Das Wasser als Lösungsmittel ... 51
b) Temperatureinflüsse ... 52
c) Verwitterung durch Wasser und säurehaltige Wässer ... 52
d) Verwitterung durch Humusstoffe ... 53
e) Auswaschung des Bodens ... 53
f) Produkte der verwitternden Gesteine ... 54

IV. Verwitterung durch Organismen ... 57

V. Transport der Verwitterungsprodukte ... 59

a) Vorbemerkungen ... 59
b) Trockene Abtragung ... 59
c) Abtragung durch Wasser: Erosion ... 61
d) Tätigkeit des Gletschereises ... 62
e) Transport durch Wind, Äolische Abtragung ... 65

D. Bodenumwandlung durch vegetative Kräfte.

I. Organismen des Bodens ... 65

a) Pflanzen ... 65
b) Bodenbakterien und ihre Tätigkeit ... 67
c) Tiere ... 70

II. Zersetzung organischer Stoffe im Boden ... 71

a) Vorbemerkungen ... 71
b) Verwesung ... 71
c) Fäulnis ... 72
d) Humus ... 73
e) Ortsteinbildung ... 75

III. Torfbildung und Moorbildung ... 76

a) Torf ... 76
b) Moore und Moorbildung ... 79
c) Bau der Hochmoore ... 83

E. Chemie und Physik des Bodens.

I. Mineralogische und chemische Analyse ... 86

a) Allgemeines ... 86
b) Mineralogische Bodenanalyse ... 86
c) Chemische Analyse ... 87
d) Bodenprofile ... 88

Seite

e) Kurzer Abriß der Bodenchemie ... 90
α) Einzelne Stoffe ... 90
β) Die Bodensäuren ... 93
f) Bodentätigkeit und Fruchtbarkeit ... 95

II. Struktur des Bodens ... 96
a) Krümelstruktur und Krümelbildung ... 96
b) Die Bodengare ... 98

III. Der Boden und das Wasser ... 99
a) Vorbemerkung ... 99
b) Wasserkapazität des Bodens ... 100
c) Kapillare Wasserleitung ... 101
d) Wasserdurchlässigkeit und Bodenwasser ... 101
e) Grundwasser ... 103
f) Wasserverdunstung und Taubildung ... 105
g) Bedeutung des Bodenwassers für die Vegetation ... 107

IV. Der Boden und die Luft ... 108
a) Chemie der Atmosphäre. Luftbeimengungen ... 108
b) Adsorption von Gasen durch den Boden ... 110
c) Bodenluft und Durchlüftbarkeit des Bodens ... 110

V. Der Boden und die Wärme ... 112

VI. Die Bodenkolloide ... 113
a) Allgemeines ... 113
b) Der Boden und die Kolloide ... 114

F. Einteilung und Verbreitung der Bodenarten.

Vorbemerkungen ... 116

I. Die Thaerschen Bodenklassen ... 117

II. Physikalisch-chemische Gliederung der Bodenarten ... 119
a) Steinböden ... 119
b) Sandböden ... 121
c) Tonböden ... 123
d) Lehmböden und Lößböden ... 125
e) Marschböden ... 128
f) Kalk- und Mergelböden ... 131
g) Humusböden ... 133
h) Moorböden ... 134

III. Klima und Bodenbildung ... 136
a) Allgemeines ... 136
b) Böden des Gesteinszerfalles ... 138

Seite

c) Böden der Gesteinszersetzung ... 139
α) Salzböden ... 142
β) Steppenböden ... 142
γ) Schwarzerden ... 143

IV. Die Erkennung der Bodenarten mit Hilfe der auf ihnen wachsenden Pflanzen ... 144

a) Vorbemerkungen ... 144
b) Verzeichnis der bodenkundlich wichtigen Pflanzen ... 146

G. Die geologisch-agronomischen Bodenkarten.

a) Vorbemerkungen ... 151
b) Die Darstellungen auf den geologisch-agronomischen Karten 153

Register ... 160

A. Einleitung.

Begriff und Aufgabe der Bodenkunde. Bildung und Umbildung der Erdrinde. Geologische Perioden und ihre Bildungsprodukte.

Was wir als Boden oder Erdboden gemeinhin bezeichnen, ist nichts anderes als die oberste Verwitterungsschicht der festen Erdrinde. Diese Verwitterungsschicht ist in ständiger Umbildung begriffen, ihre Zusammensetzung wechselt von Ort zu Ort und ihre Entstehung, bedingt durch mannigfache Faktoren, ist abhängig von der Zusammensetzung des tieferen Untergrundes. Dabei wirken Wasser, Luft, Wärme und Kälte ständig in großem Maßstabe bei der Bodenumbildung mit. Daraus ergibt sich die Aufgabe derjenigen Wissenschaft, die sich mit der Untersuchung aller bodenbildenden und bodenumbildenden Vorgänge sowie der Zusammensetzung des Bodens befaßt, der Bodenkunde oder Pedologie. Die Bodenkunde ist also die Lehre von der Entstehung, den Eigenschaften und den Umbildungen des Bodens. Danach ist die Bodenkunde ein Zweig der geologischen Wissenschaft, deren ureigenste Aufgabe ja die Erforschung des Werdens und Vergehens der gesamten uns zugänglichen Erdrinde ist. Im besonderen kann man daher die Bodenkunde als Geologie der obersten Erdschicht bezeichnen.

Wie die Geologie sich verschiedener Methoden zur Untersuchung ihres jeweiligen besonderen Gegenstandes bedient, so wird naturgemäß auch die Bodenkunde von diesen Methoden Gebrauch machen. Die Mineralogie belehrt uns über die Mineralien der im tieferen Untergrunde steckenden Gesteine und über ihre chemische Zusammensetzung, die Petrographie gibt Auskunft über die Beschaffenheit der bodenbildenden Gesteine und über ihre Verwitterung. Die Chemie gibt in Analysen die Zusammensetzung des Bodens und die Physik unterrichtet uns über das Verhalten des Bodens zu Wasser, Luft und Wärme. Aber auch Pflanzen und Tiere sind an der Umbildung des Bodens beteiligt, es müssen also Botanik und Zoologie uns über die Lebensgewohnheiten dieser Organismen Auskunft geben.

Alle diese einzelnen Wissenschaften müssen in der Bodenkunde berücksichtigt werden, um das zu erreichen, was bis jetzt erst in den Anfängen steckt, nämlich eine eingehende Darstellung der auf der Erde verbreiteten Bodenarten sowie ihrer Abhängigkeit vom Klima und ihrer Eignung zum Hervorbringen bestimmter Vegetationsformen.

Damit ist etwa das Gebiet umgrenzt, dessen nähere Erörterung den Gegenstand dieses Buches bildet.

Die Umbildung der Erdrinde, im besonderen der Erdoberfläche geht stetig vor sich. Berge werden abgetragen und schließlich eingeebnet, ebene Landflächen werden durch die Kraft des strömenden Wassers zernagt, gewaltige tektonische Vorgänge türmen hohe Gebirge auf und was heute Festland ist, war einst vom Meere bedeckt und umgekehrt. Dieses Werden und Vergehen im Erdantlitz zu ergründen, ist die Aufgabe der geologischen Forschung. Sie zeigt uns, daß die ältesten Bildungen der Erdkruste hervorgegangen sind aus einem feurig-flüssigen Schmelzfluß, dessen heutiges Vorhandensein in Gestalt des Magmas noch die zahlreichen vulkanischen Bildungen unserer Erde zeigen. Woher dieser feurig-flüssige Schmelzfluß stammt, darüber vermag freilich nur die Astronomie uns einige Auskunft zu geben. Der Vergleich der Erde mit anderen uns leidlich zugänglichen Weltkörpern legt nämlich die Anschauung nahe, daß die Erde ursprünglich nicht nur feurig-flüssig gewesen ist, sondern daß sie einstens als ein großer Feuerball aus der Sonne hervorgegangen ist. Zuerst als ein glühender Nebelball, der sich durch Kontraktion immer mehr verfestigte und zum feurig-flüssigen Weltkörper wurde. Die Kälte des Weltraumes kühlte diesen Glutball allmählich ab, so daß die in der flüssigen Schmelze enthaltenen Stoffe in den festen, kristallisierten Zustand übergehen konnten. Auf dem glühenden Erdkörper erschien die erste „Schlacke", die wir noch heute vielerorts als älteste Eruptivgesteine sowie z. T. als kristalline Schiefer beobachten können. Mit der allmählichen Erkaltung verdichtete sich das in der Atmosphäre enthaltene Wasser und fiel als Regen usw. nieder, indem es dabei sowohl mechanisch durch den Aufprall des fallenden Tropfens („Steter Tropfen höhlt den Stein") wie auch chemisch durch seine lösende Wirkung die dünne Erdkruste zu zerstören begann. Dadurch wurde der Boden zum ersten Male umgewandelt. Die mechanisch zerkleinerten Gesteinsreste sowie die im Wasser gelösten Stoffe wurden forttransportiert und an anderen Orten abgesetzt, entweder mechanisch unter dem Einfluß der Schwerkraft oder chemisch durch Kristallisation aus wäßriger Lösung. So entstand das erste Sedimentgestein, dessen Hauptkennzeichen die ausgesprochene Schichtung ist. Diese Sedimentgesteine liegen also auf den kristallinen Gesteinen der Silikatschlacke.

Abkühlung des Erdkörpers einerseits und Verlagerung der magmatischen Massen im Erdkörper andererseits und damit Hebung und Senkung von Erdrindenschollen sind nun die Hauptursachen der Gebirgsbildung, die z. T. in tangentialer Richtung als Zerrung und Pressung, z. T. in radialer Richtung als Hebung und Senkung zum Ausdruck kommt. Derartige Gebirgsbildungsprozesse schaffen die Niveauunterschiede, die für ein erfolgreiches Einsetzen der Zerstörung der Gesteine unerläßlich sind. Durch sie wird Wasser vom Land getrennt.

Vor dem Auftreten der ersten Organismen war die Erde mit den kristallinen Gesteinen oder Urgesteinen der Silikatschlacke bedeckt. Erst die Zerstörung dieser Massengesteine schuf die Sedimentgesteine, die man auch als Trümmer- oder klastische Gesteine bezeichnet. Diese Gesteine bedecken heute bei weitem den größten Teil der Erdoberfläche; nur an wenigen Stellen sind diese Gesteine in späterer Zeit von dem im Erdinnern steckenden Magma durchbrochen.

Die Zusammensetzung der Sedimentgesteine wechselt sehr, je nachdem ob sie im Wasser oder auf dem Lande und hier wieder unter Mithilfe von Wasser und Wind gebildet sind. Was man als geologische Perioden bezeichnet, sind Zeiträume der Sedimentation, der Bildung von Schichtgesteinen, die ganz verschieden zusammengesetzt sein können. Ihre petrographische Beschaffenheit ist nur in den seltensten Fällen für die Altersfeststellung, ihre stratigraphische Stellung von Bedeutung. Die Altersfeststellung der Schichtgesteine richtet sich vielmehr nach dem Entwicklungscharakter der in ihnen vorkommenden versteinerten pflanzlichen oder tierischen Reste. Mit ihrer Hilfe gelingt es, die großen geologischen Perioden in feinere Unterabteilungen, die geologischen Formationen, zu gliedern und diese weiter in Stufen, Horizonte und Zonen. Petrographisch gleichartige Gesteine von verschiedenen Orten sind nicht auch unmittelbar gleichaltrig.

Ein und dieselbe Gesteinsart, z. B. Kalkstein, Sandstein, Ton usw. kann in verschiedenen Formationen vorkommen. Das Alter wird jeweilig bestimmt durch die in ihnen enthaltenen Fossilien, die damit zu Leitfossilien werden.

Im folgenden ist ein kurzer Überblick über die Entwicklung der wichtigsten Gesteinsarten in den einzelnen geologischen Perioden und Formationen gegeben[1]):

I. **Sternzeitalter der Erde.** Verdichtung des Gasballes zur glutflüssigen Kugel.

II. **Azoisches oder archäisches Zeitalter.** Bildung der ersten Erstarrungskruste, der Silikatschlacke, und der ältesten Schichtgesteine (kristalline Schiefer).

III. **Algonkisches Zeitalter.** Erste Lebensspuren (Algen, Urtiere). Bildung von Konglomeraten, Grauwacken, Quarziten, Schiefern, Kalken, Hornsteinen.

IV. **Paläozoisches Zeitalter.** Auftreten der ersten höheren Lebewesen.

a) Kambrische Formation: Algen, Brachiopoden, Trilobiten. Konglomerate, Sandsteine, Schiefer, Tone, Sande; Phyllite.

b) Silur-Formation: Algen; Graptolithen, Brachiopoden, Trilobiten und Nautiloideen, Riesenkrebse, Panzerfische, Skorpione. Grauwacken, Tonschiefer, Quarzite, Kalke.

c) Devon-Formation: Landpflanzen; Korallen und Goniatiten. Grauwacken, Kalke, Sandsteine; Diabase und Tuffe.

d) Karbon- (oder Steinkohlen-) Formation: Farne und Schachtelhalme; Insekten, Spinnen, Wirbeltiere. Kalke, Sandsteine, Schiefertone, Kohlenflöze; Granite. Mildes, feuchtes Klima.

e) Perm-Formation: Erste Nadelhölzer; Ammoniten, Wirbeltiere. Trockenes, wüstenartiges Klima.

1. Rotliegendes: Konglomerate, Sandsteine, Letten; Porphyre.
2. Zechstein: Kalksteine, Gips, Stein- und Kalisalze, Kupferschiefer.

---

[1]) Die Übersicht gilt vom paläozoischen Zeitalter ab nur für Deutschland.

V. **Mesozoisches Zeitalter:** Saurier, erste Säugetiere, Coniferen, Cycadeen.

a) Trias-Formation: Froschsaurier, Ammoniten, Vögel und Säugetiere.

1. Buntsandstein: Sandsteine, Tone, Mergel, Gips, Steinsalz, Wüstenklima.
2. Muschelkalk: Kalksteine, Dolomite, Gips, Steinsalz. Binnenmeerbildung.
3. Keuper: Bunte Mergel, Gips, Sandsteine, Letten, schwache unreine Kohlenflöze. Bildungen in Lagunen, Sümpfen und Mooren.

b) Jura-Formation: Ammoniten, Belemniten, Korallen, Fisch- und Flugsaurier, Vögel; Kryptogamen, Coniferen, Cycadeen, erste Laubhölzer.

1. Lias oder Schwarzer Jura: Tone, bituminöse Schiefer, Kalke, Sandsteine, oolithische Eisenerze. Meeresbildung.
2. Dogger oder Brauner Jura: Sandsteine, dunkle Tone, Kalke, oolithische Eisenerze. Meeresbildung.
3. Malm oder Weißer Jura: Helle Kalke und Korallenkalke, Mergel, Dolomite. Meeresbildung.

c) Kreide-Formation: Pflanzenwelt sehr ähnlich der heutigen; Vögel, Riesenflugsaurier, Säugetiere.

1. Untere Kreide:
   Wealden: Sandsteine, Tone, Kohlenflöze. Süßwasserbildung.
   Neocom } Tone, Sandsteine, Eisenerze. Marine
   Gault } Bildungen.
2. Obere Kreide: Kreidekalke (Plänerkalke), Sande, Mergel, Schreibkreide. Meeresbildungen.

VI. **Neozoisches Zeitalter**: Tannen, Fichten; Huftiere, Landsäugetiere, Menschenaffen. Gegen Ende des Tertiärs Aussterben der Tertiärflora. Im Diluvium nordische Vegetation: Kiefer, Weißbirke, Eiche. Älteste Menschenreste im Diluvium, Mammut, Riesenhirsch, Höhlenbär.

a) Tertiär- (oder Braunkohlen) Formation: Tannen, Fichten, Palmen, Huftiere, Halb- und Menschenaffen.
   1. Eocän: Kalke, Tone.
   2. Oligocän: Sande, Tone, Braunkohlen, Sandsteine, Molasse, Bernsteinschichten.
   3. Miocän: Sande, Tone, Kalke, Braunkohlen, Basalte.
   4. Pliocän: Schotter, Gerölle, Sand. Flußablagerungen.

b) Diluvium: Nordische Vegetationsformen mit Kiefer, Weißbirke, Eiche. Älteste Menschenreste, Mammut, Riesenhirsch, Höhlenbär. Inlandeis. Geschiebemergel, Gletscher-Geschiebe, erratische Blöcke, Sande, Lehme, Tone, Grand, Kieselgur.

c) Alluvium: Jetztzeit. Noch jetzt entstehende Bildungen des Süß- und Meereswassers, des Windes und des pflanzlichen und tierischen Lebens: Flußsande, Gerölle, Tone, Lehme, Meerbildungen, Wiesenkalk, Flugsand, Schlick.

B. Der Stoff der Erdrinde.

I. Die gesteinsbildenden Mineralien.

a) Allgemeines.

Der Teil der Erdkruste, der für Land- und Forstwirtschaft sowie für die Kulturtechnik die größte Bedeutung hat, ist die oberste Erdschicht, der Boden in dem hier verstandenen Sinne. Dieser Boden ist ein Zersetzungsprodukt der in der Tiefe vorhandenen, anstehenden Schichten, seien es nun Eruptivgesteine oder Sedimentgesteine. Gesteine sind Gemenge von Mineralien. Da die Umwandlung der Gesteine und die Art der dabei entstehenden Produkte, also letzten Endes die Beschaffenheit des Bodens ganz erheblich von der Art der gesteinsbildenden Mineralien abhängig ist, so hat uns zunächst die Mineralogie über den Charakter der gesteinsbildenden Mineralien zu unterrichten.

Wir können dabei die für uns wichtigsten Mineralien in folgende Gruppen ordnen:

1. Kieselsaure Salze oder Silikate, 2. kohlensaure Salze oder Karbonate, 3. phosphorsaure Salze oder Phosphate, 4. schwefelsaure Salze oder Sulfate, 5. Schwefelmetalle oder Sulfide, 6. Oxyde und Hydroxyde.

Von diesen Mineralien sind diejenigen der Silikatgruppe die am meisten verbreiteten.

b) Kieselsäure und Silikate.

α) Allgemeines.

Die Kieselsäure oder streng genommen das Kieselsäureanhydrit (oder Siliziumdioxyd) ist eine Verbindung des Siliziums mit Sauerstoff von der Zusammensetzung SiO_2. Die normale Kieselsäure ist die Orthokieselsäure H_4SiO_4, aus der unter Abspaltung von 1 H_2O die Metakieselsäure H_2SiO_3 entsteht; durch weitere Abspaltung von 1 H_2O entsteht aus der Metakieselsäure das Kieselsäureanhydrit SiO_2. Der Ortho- und Metakieselsäure gehören die meisten Silikate an und zwar als neutrale, saure und basische Silikate[1]). Daneben sind aber andere Silikate vorhanden, deren Säuren hervorgegangen gedacht werden müssen durch den Austritt von H_2O-Molekülen aus mehreren H_4SiO_4- bzw. H_2SiO_3-Molekülen. Unter diesen Polykieselsäuren sind am wichtigsten die Orthodikieselsäure $H_6Si_2O_7$ und die Metadikieselsäure $H_2Si_2O_5$. Auch eine Trikieselsäure $H_4Si_3O_8$ kommt in Betracht. Die Entstehung dieser Säuren ist folgendermaßen:

$2\ H_2SiO_3$	—	H_2O	=	$H_2Si_2O_5$
Metakieselsäure				Metadikieselsäure
$2\ H_4SiO_4$	—	H_2O	=	$H_6Si_2O_7$
Orthokieselsäure				Orthodikieselsäure
$3\ H_4SiO_4$	—	$4\ H_2O$	=	$H_4Si_3O_8$
Orthokieselsäure				Polykieselsäure

Die Silikate sind die Salze der verschiedenen Kieselsäuren;

[1]) Neutrale Salze sind solche, bei denen aller durch Metall ersetzbarer Wasserstoff durch Metall ersetzt ist (z. B. KCl, Na_2SO_4). Saure Salze sind solche, in denen nicht aller ersetzbare Wasserstoff durch Metall ersetzt ist (z. B. $NaHSO_4$). Basische Salze sind solche, bei denen nur ein Teil der vorhandenen Hydroxyle durch Säurereste ersetzt ist (z. B. Ca(OH) ergibt CaCl(OH)).

sie sind die wichtigste Gruppe der bodenbildenden Mineralien. Nach älterer aber übersichtlicher Anschauungsweise können wir sie folgendermaßen gruppieren. Es sei R (Radikal) ein einwertiges Metall, dann kann z. B ein Silikat von der Formel R_2SiO_4 bestehen, das man zerlegen kann in

$$R_2O_2 + SiO_2 = R_2SiO_4.$$

Die Menge des Sauerstoffs in beiden Komponenten verhält sich wie 1 : 1, daher heißt ein solches Silikat Singulosilikat (Beispiel: Olivin $Mg_2SiO_4 = Mg_2O_2 + SiO_2$).

Ein Silikat von der Formel R_2SiO_3 läßt sich zerlegen in:

$$R_2O + SiO_2 = R_2SiO_3.$$

Hierin ist das Sauerstoffverhältnis der Komponenten 1 : 2, daher heißen derartige Silikate Bisilikate (Beispiel: Enstatit $MgSiO_3 = MgO + SiO_2$).

Und ferner läßt sich ein Silikat von der Formel $R_4Si_6O_{16}$ zerlegen in:

$$R_2O + R_2O_3 + Si_6O_{12} = R_4Si_6O_{16}.$$

Darin ist das Sauerstoffverhältnis der ersten beiden Komponenten und der dritten Si_6O_{12}-Komponente wie 4 : 12 oder 1 : 3, weshalb derartige Silikate Trisilikate heißen (Beispiel: Orthoklas $K_2Al_2Si_6O_{16} = K_2O + Al_2O_3 + 6\ SiO_2$).

Es gibt auch Tetrasilikate, in denen das Sauerstoffverhältnis 4 : 16 oder 1 : 4 ist.

Die Silikate können wasserhaltig oder wasserfrei sein. Erstere geben entweder bei bereits mäßigem Erhitzen ihr Wasser ab in Gestalt des Kristallwassers. Das gilt für die meisten Zeolithe (vgl. S. 15). Oder sie verlieren ihr Wasser erst bei sehr starkem Glühen, dann spricht man von basischem oder Konstitutionswasser und deutet damit an, daß bei derartigen Silikaten im Gegensatz zur ersten Gruppe (Zeolithe) das Wasser am Aufbau des Silikatmoleküls selbst beteiligt ist.

Die Mineralien der Silikate sind nur in ihren reinsten Formen einheitlich zusammengesetzt; die meisten enthalten kleinere und größere Mengen anderer Stoffe. Wichtig ist, daß sich verschiedene Elemente untereinander in den Silikaten vertreten können (z. B. K an Stelle von Na oder H, Ca an Stelle von Mg oder FeO, Fe_2O_3 an Stelle von Al_2O_3 usw.), ohne daß die den betreffenden Mineralien zugehörige Kristallform und ihre sonstigen Eigenschaften wesentlich geändert werden.

β) Die wichtigsten Gruppen der Silikate.

1. **Kieselsäure** SiO_2. Diese kommt in der Natur vor als Quarz (hexagonal), Tridymit (rhombisch) und Opal (amorph). Von diesen dreien kommt der Tridymit für die Bodenbildung nicht in Frage.

Quarz kristallisiert in sechsseitigen Säulen mit aufgesetzten

Abb. 1. Quarzkristalle. Original im Mineralog.-Geolog. Institut der Techn. Hochschule Hannover. *G. Frebold* phot.

Rhomboedern, bricht muschlig und zeigt auf Bruchflächen fettartigen Glanz, während die Kristallflächen Glasglanz aufweisen. H = 7, D = 2,5—2,8[1]). Farbloser Quarz heißt Bergkristall (Abb. 1), weißer milchiger Quarz Milchquarz, bläulicher Quarz Amethyst. Der Quarz kommt auch in dichten, mikrokristallinen Formen vor: 1. Chalcedon (ebener bis flachmuschliger Bruch), 2. Feuerstein oder Flint (leicht in scharfkantige Stücke zu zersprengen, Waffen der Steinzeit) (Abb. 2), 3. Jaspis (undurchsichtig und durch Fe_2O_3 rot oder braun gefärbt), 4. Kieselschiefer (meist durch Kohlenstoff schwarz gefärbt).

[1]) H = Härte, D = Dichte.

Opal ist die wasserhaltige amorphe Form der Kieselsäure und findet sich vorwiegend in den Hohlräumen vulkanischer Gesteine, z. B. Basalt.

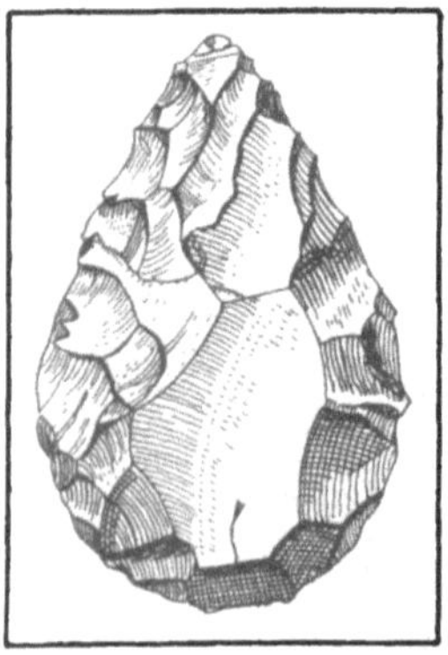

Abb. 2. Feuersteinwerkzeug (Faustkeil) der Älteren Steinzeit. Charakteristisch sind die muschelförmigen Ausbrüche. Nach *H. Hahne*.

Quarz wird durch CO_2-haltiges Wasser kaum, durch Salzlösungen nur schwer angegriffen. Etwas leichter zersetzbar sind die dichten Abarten, Chalcedon, Feuerstein, Jaspis und Kieselschiefer. Der Verwitterungsprozeß läßt den Quarz meist chemisch unverändert; er zerspringt aber leicht in scharfeckige Bruchstücke.

2. **Feldspäte.** Die beiden Hauptarten sind: a) Orthoklas oder Kalifeldspat $KAlSi_3O_8$ (Abb. 3) und b) Plagioklas oder Kalknatronfeldspat (Abb. 4), der als isomorphe Mischung der beiden Endglieder Albit oder Natronfeldspat $NaAlSi_3O_8$ und Anorthit oder Kalkfeldspat $CaAl_2Si_2O_8$ anzusehen ist. Derartige Mischungen von verschiedenen Mengen der beiden Endglieder sind in folgender Tabelle zusammengestellt:

Tabelle.

Plagioklas	Mischungsverhältnis	SiO_2-Gehalt		
Albit	$NaAlSi_3O_8 = Ab$	68 %	saurer	Plagioklas
Oligoklas	Ab_4An_1	64 %	neutraler oder intermediärer	
Andesin	Ab_3An_2	58 %		
Labrador	Ab_1An_1	55 %		
Bytownit	Ab_1An_4	48 %	basischer	
Anorthit	$CaAl_2Si_2O_8 = An$	44 %		

Orthoklas kristallisiert monoklin und ist in zwei aufeinander senkrechten Richtungen leicht spaltbar, hat Glasglanz und ist meist rötlichweiß bis fleischrot gefärbt. $H = 6$, $D = 2{,}53$—$2{,}58$. Plagioklas kristallisiert in allen Unterarten triklin und neigt sehr zur Bildung von Zwillingen.

Über die Verwitterung der Feldspäte ist folgendes anzumerken:

a) Orthoklas. Durch die Verwitterung verlieren die in den

Gesteinen vorhandenen Orthoklase ihren Glanz, sie werden matt und färben sich durch ausgeschiedenes Fe_2O_3 rötlich oder bräunlich. Schließlich gehen sie in toniges Material, die reinsten in Kaolin durch Wasseraufnahme, über.

b) Plagioklas. Plagioklase verwittern zu Mineralien der Kaolingruppe. Ca-reiche Arten verwittern rascher als Na-reiche. Na und Ca werden fortgeführt, letzteres auch als Karbonat im Ge-

Abb. 3. Orthoklaskristalle. Original im Mineralog.-Geolog. Institut der Techn. Hochschule Hannover. *G. Frebold* phot.

stein abgeschieden. Bemerkenswert ist bei den Plagioklasen die große Neigung zur Bildung von Zeolithen durch Zersetzung (Wasseraufnahme, vgl. S. 15).

3. **Leuzit und Nephelin.** Beide sind als Alkalitonerdesilikate den Feldspäten chemisch verwandt. Der Leuzit, von der Zusammensetzung $KAlSi_2O_6$, ist bis zur Temperatur von 560° pseudoregulär, in Wirklichkeit rhombisch, darüber hinaus tatsächlich regulär. Er bricht muschlig, zeigt Glasglanz und ist weißlich, seltener gelblich oder rötlich gefärbt. $H = 5{,}5—6$, $D = 2{,}45—2{,}50$. Der Nephelin oder Eläolith hat die Zusammensetzung $NaAlSiO_4$ und kristallisiert hexagonal. Er bricht muschlig, hat auf Kristallflächen Glasglanz, auf Bruchflächen Fettglanz und ist meist farblos, kann jedoch auch weiß, lichtgrau, gelblich oder rötlich sein. $H = 5—6$, $D = 2{,}63—2{,}64$.

Leuzit verwittert zu einer weißen, tonigen Masse, die sehr wahrscheinlich Kaolin darstellt. Nephelin hingegen bildet bei der Verwitterung durch Wasseraufnahme zeolithische Mineralien und geht im Endprodukt in tonige Mineralien über.

4. **Pyroxene oder Augite.** Diese sind zumeist isomorphe Mischungen neutraler Silikate, entweder der Bisilikate $MgSiO_3$, $CaSiO_3$, $FeSiO_3$ und $MnSiO_3$ oder es sind Mischungen dieser Bisilikate mit den tonerdehaltigen Verbindungen $MgAl_2SiO_6$ und $Na_2Al_2SiO_6$. Die Tonerde Al_2O_3 kann ganz oder teilweise durch Fe_2O_3 ersetzt werden.

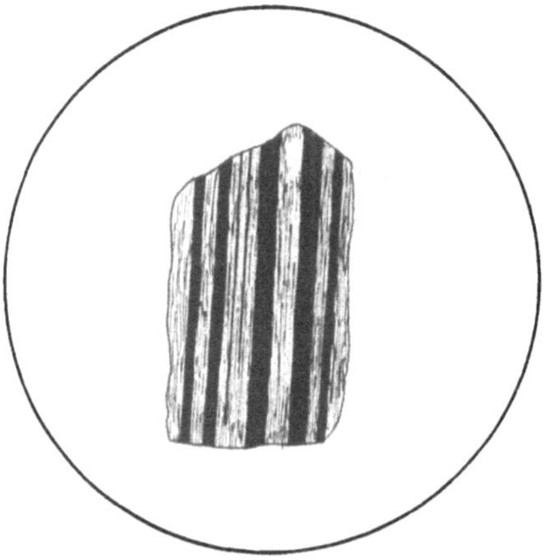

Abb. 4. Dünnschliff eines Plagioklases mit Zwillingslamellierung (schwarz und grau gestreift), wie sie im Polarisationsmikroskop besonders schön zu erkennen ist.

Die für uns wichtigsten sind folgende: 1. Enstatit $MgSiO_3$, kristallisiert rhombisch und zeigt auf Spalt- und Absonderungsflächen Perlmutterglanz; seine Farbe ist grauweiß, gelblich oder grünlich. H = 5,5, D = 3,2. 2. Hypersthen $(FeMg)SiO_3$, kristallisiert ebenfalls rhombisch, hat Glasglanz, auf manchen Flächen mitunter metallischen Schiller und ist vorwiegend dunkel gefärbt (pechschwarz, schwarzbraun und schwarzgrün). H = 6, D = 3,4. 3. Augit, $CaMgSi_2O_6$ in isomorpher Mischung mit $MgAl_2SiO_6$, kristallisiert monoklin, bricht muschlig und hat lauchgrüne bis grünlichschwarze Farbe. H = 6, D = 3,4. In der isomorphen Mischung herrscht $CaMgSi_2O_6$ vor und der Gehalt an Al_2O_3 schwankt zwischen 4 und 9 %. 4. Diopsid, $CaMgSi_2O_6$, kristallisiert ebenfalls monoklin, zeigt auf frischen Stücken Glasglanz und hat meist licht- bis flaschengrüne Farbe. H = 5—6, D — 3,3. Er enthält Al_2O_3 und Fe_2O_3 öfter in geringen Mengen. Er geht so über in den durch seine charakteristische Spaltbarkeit ausgezeichneten, ebenfalls monoklinen Diallag, der einen höheren Eisengehalt und etwa 1—4 % Al_2O_3 besitzt. Der Diallag ist noch weit wichtiger als der Diopsid.

Infolge des geringeren Gehaltes an Al_2O_3 verwittern die Augite rascher als die Hornblenden. Meist bildet sich zuerst eine erdige grüne Masse, die Grünerde, die stets reicher an Kieselsäure, ärmer an alkalischen Erden ist als der Augit, aus dem sie hervorging. Das Endprodukt der Verwitterung sind eisenreiche Tone.

5. **Amphibole oder Hornblenden.** Die eigentliche Hornblende ist eine isomorphe Mischung von $Ca(MgFe)_3Si_4O_{12}$ und $CaMg_2Al_2Si_3O_{12}$ und kristallisiert monoklin. Sie zeigt schönen Glasglanz und schilfrigfaserige Beschaffenheit, die Farbe ist grün- bis rabenschwarz. H = 5—6, D = 3,1. Die Hornblenden, von denen es eine ganze Reihe gibt, unterscheiden sich von den Augiten durch geringeren Kalkgehalt.

Die Hornblenden werden zunächst meistens zu Glimmer, Epidot und Chlorit umgebildet. Weiterhin entstehen durch Fortführen von Alkalien, Kalk und Magnesia und durch Wasserbindung eisenreiche Tone.

6. **Glimmer.** Die beiden wichtigsten Glimmer sind Biotit und Muskovit, die beide monoklin kristallisieren und bemerkenswert sind durch ihre ganz hervorragende Spaltbarkeit, die es gestattet, dünnste Spaltblättchen vom Mineral abzutrennen. Die Glimmer sind basische (H-haltige) Alkalitonerdesilikate. Da sie in den meisten Gesteinen wie die Feldspäte oft in erheblicher Menge vorkommen, sind sie bodenkundlich besonders wichtig. Biotit oder Magnesiaglimmer hat ungefähr die Zusammensetzung $(KH)_2(MgFe)_2(AlFe)_2 . Si_3O_{12}$ und ist fast ausnahmslos ganz charakteristisch tiefbraun gefärbt. H = 2,5—3, D = 2,8—3,2. Muskovit oder Kaliglimmer hat etwa die Zusammensetzung $H_2KAl_3Si_3O_{12}$ und zeigt bei fast völliger Durchsichtigkeit Perlmutter- oder Metallglanz (wie Silber). H = 2—3, D = 2,7—3,1.

Muskovit wird durch die Verwitterung wenig beeinflußt, während der Biotit viel schneller verwittert. Bei diesem werden dabei Fe und Alkalien fortgeführt, die als Endprodukt einen eisenreichen Tonboden ergeben, der höhere Fruchtbarkeit hat als die aus der Verwitterung muskovithaltiger Gesteine entstandenen Böden.

7. **Chlorite.** Nahe verwandt mit den Glimmern sind die Chlorite, die mit jenen analoge Kristallform und gleich ausgezeichnete Spaltbarkeit aufweisen. Chemisch sind die Chlorite basische (H-haltige) Magnesiatonerdesilikate mit isomorpher Beimischung von Eisenoxyden. Sie kristallisieren monoklin und haben fast alle grünliche Farbe. Die Hauptvertreter sind: Prochlorit, H = 1, D = 2,7—2,9 und Klinochlor, H = 2, D = 2,5—2,7.

Chlorit verwittert schwer, leichter ist seine mechanische Zerstörung.

Zu den Chloriten wird, weil äußerlich ähnlich, auch noch der Glaukonit, ein wasserhaltiges Al-Fe-Silikat mit 2—15 K_2O, gerechnet. Es sind das kleine schießpulverartige grüne Körner, die in manchen Gesteinen weit verbreitet sind. Der Gehalt an K_2O macht den aus glaukonitischen Gesteinen entstandenen Boden relativ fruchtbar.

8. **Granat.** Hierher gehören eine ganze Reihe verschieden zusammengesetzter Silikate, die aber darin übereinstimmen, daß sie alkalifreie Tonerdesilikate in Verbindung mit dem Silikat eines zweiwertigen Radikals, Ca, Mg, Ba, Be, Fe, Mn, sind. Alle kristallisieren regulär und haben meist eine rote bis braunrote Farbe. Der für uns wichtigste ist der gemeine Granat oder Andradit, ein Kalkeisengranat von der Zusammensetzung $Ca_3Fe_2Si_3O_{12}$ (hierin sind isomorphe Beimischungen nicht berücksichtigt). Er zeigt fettigen bis pechartigen Bruch und braune oder braungrüne Farbe. H = 6,5—7, D = 3,8—4,1.

Der Granat bildet bei der Verwitterung tonige Substanzen.

9. **Epidot.** Die Mineralien dieser Gruppe, deren Hauptvertreter der weit verbreitete monokline Epidot ist, sind Kalktonerdesilikate von der allgemeinen Zusammensetzung $HCa_2Al_3Si_3O_{13}$; hierin kann ein Teil des Al durch Fe, Mn oder Ca vertreten werden. Der Epidot oder Pistazit hat die Zusammensetzung $H_2Ca_4(AlFe)_6Si_6O_{26}$ und bricht muschlig oder splittrig. Er ist gewöhnlich dunkelgrün, blaugrün oder schwärzlichgrün gefärbt.

Epidot ist sehr häufig ein Verwitterungsprodukt der Feldspäte und anderer tonerdereicher Mineralien. Er bedingt häufig die Grünfärbung vieler Gesteine dadurch, daß die Grundmasse dieser Gesteine fast völlig in Epidot umgewandelt ist (= Epidotisierung).

10. **Turmalin.** Mit diesem Namen bezeichnet man eine Reihe von kompliziert gebauten Gliedern, die nur in sehr wechselnden Mischungsverhältnissen bekannt sind. Alle sind sog. Borosilikate (= durch Borgehalt ausgezeichnete Silikate) der Tonerde und enthalten vertretbaren Wasserstoff, der in wechselnden Mengen, aber niemals vollständig durch Alkalien (Ca, Li, aber auch K), durch Magnesia (MgO) und durch Fe ersetzt wird. Danach unterscheidet man ohne scharfe Grenze Alkaliturmalin, Magnesiaturmalin

und Eisenturmalin. Die Farben dieser Glieder wechseln sehr, am charakteristischsten sind sie noch beim Schörl oder schwarzen Turmalin, der tiefschwarz gefärbt ist und wegen seines häufigen Vorkommens bodenkundlich noch am wichtigsten ist. Auf Kristallflächen zeigt der Schörl Glasglanz, im Bruch ist er pechartig. H = 7, D = 3—3,2.

Turmalin geht durch Verwitterung meist in Muskovit, seltener in Chlorit oder Talk über.

11. **Zeolithe.** Die Zeolithe sind mit einer Ausnahme wasserhaltige Kalktonerdesilikate, die das Wasser als sog. Kristallwasser (vgl. S. 8) enthalten. Viele Arten der Zeolithe stehen chemisch den Mineralien der Nephelin-, Leuzit- und Feldspatgruppe, besonders den Plagioklasen sehr nahe und erscheinen oft geradezu als die wasserhaltigen Verbindungen der genannten Mineralgruppen. Die wichtigsten Vertreter sind folgende: 1. Mesotyp, eine isomorphe Mischung von $Na_2Al_2Si_3O_{10} \cdot 2\,H_2O$ und $CaAl_2Si_3O_{10} \cdot 3\,H_2O$, kristallisiert rhombisch und monoklin, ist also dimorph. Er zeigt muschligen Bruch und Glasglanz. H = 5—5,5, D = 2,2—2,4. 2. Stilbit, $Ca_2Al_4Si_{11}O_{30} \cdot 10\,H_2O$, kristallisiert monoklin, bricht uneben und zeigt Glasglanz. 3. Analcim, von der Zusammensetzung $Na_2Al_2Si_4O_{12} \cdot 2\,H_2O$, kristallisiert regulär und zeigt muschligen Bruch. Charakteristisch ist seine glasklare Beschaffenheit. H = 5,5, D = 2,1—2,2. 4. Harmotom, $BaAl_2Si_5O_{14} \cdot 5\,H_2O$, kristallisiert monoklin und hat unebenen Bruch. Die meist nur durchscheinenden und milchig gefärbten Kristalle zeigen Glasglanz. H = 4,5, D = 2,4—2,5.

Die Zeolithe verwittern unter Wasserverlust zu Pulver und wandeln sich allmählich zu kaolinartigen Erden um.

12. **Olivin.** Dieser ist der Hauptvertreter einer Silikatgruppe, die teils die reinen Singulosilikate (normale Orthosilikate) Mg_2SiO_4, Fe_2SiO_4 und Mn_2SiO_4, häufiger noch deren isomorphe Mischungen umfassen. Gemeiner Olivin oder Peridot hat die Zusammensetzung $(MgFe)_2SiO_4$ mit 5—25 % FeO und kristallisiert rhombisch. Der Bruch ist muschlig und seine flaschengrüne Farbe (im frischen Zustande) ist für ihn sehr charakteristisch. H = 6,5—7, D = 3,3—4.

Olivin verwittert sehr leicht, besonders auf den meist vorhandenen Sprüngen und Spaltrissen. Das im Olivin enthaltene FeO geht in Fe_2O_3 (Brauneisen) über, die charakteristische flaschengrüne Färbung geht in gelb und rotbraun über und durch Wasseraufnahme bildet sich ein H_2O-haltiges Mg-silikat, der Serpentin (= Serpentinisierung des Olivins).

13. **Talk und Serpentin.** Beide mit ihren Unterarten sind wasserhaltige Magnesiasilikate, die aus der Verwitterung oder Umwandlung von Al_2O_3-freien oder -armen Mg-silikaten entstanden sind. Hierher gehören: 1. Talk, $3\,MgO$, $4\,SiO_2 \,.\, H_2O$, kristallisiert wahrscheinlich monoklin, kommt meist in dichten oder sehr feinschuppigen Massen vor, die als Speckstein bezeichnet werden. Talk fühlt sich fettig an, färbt ab und ist hellgrün. H = 1, D = 2,6—2,8. 2. Serpentin, $3\,MgO$, $2\,SiO_2 \,.\, 2\,H_2O$, Kristallsystem ist noch nicht ganz sicher (rhombisch oder monoklin). Der Serpentin ist dicht und bricht muschlig oder splittrig, seine Farbe wechselt sehr. H = 3—4, D = 2,5—2,7. 3. Meerschaum, von der Zusammensetzung $2\,MgO$, $3\,SiO_2 \,.\, 2\,H_2O$, ist kryptokristallin, kommt in feinerdigen Massen vor und ist porös (klebt an der Zunge). Seine Farbe ist weiß bis gelblich und grau, H = 2—2,5, D = 2.

Talk verwittert nur mechanisch zu blättriger Substanz, chemisch ist er so gut wie unangreifbar. Serpentin entsteht durch Verwitterung des Olivins (siehe unter 12).

14. **Tonmineralien.** Diese Mineralien gehören zu den bodenkundlich wichtigsten Stoffen, deren Erforschung aber immer noch große Schwierigkeiten bereitet. Sie sind durchweg Verwitterungsprodukte von Al-haltigen Silikaten, besonders von Feldspäten. Am genauesten bekannt ist der Kaolinit Al_2O_3, $2\,SiO_2 \,.\, 2\,H_2O$. Er kristallisiert monoklin, kommt aber gewöhnlich nur in lockeren, feinerdigen Aggregaten vor. H = 1, D = 2,2—2,6. Kaolin oder Porzellanerde sind lockere, zerreibliche Massen von erdigem Bruch die das Rohmaterial für die Porzellanfabrikation abgeben. Was man gewöhnlich als „Ton" bezeichnet, ist ein Gemenge von wasserhaltigem Aluminiumsilikat mit zahlreichen, zu feinstem Sand zerriebenen Mineralien verschiedenster Art.

Kaolinit ist das wichtigste Produkt der Verwitterung der Silikate durch Humussäuren und findet sich daher in den entsprechenden Böden reichlich.

c) Karbonate.

Die kohlensauren Salze oder Karbonate beteiligen sich in großem Umfang an der Bodenbildung sowie auch am Aufbau tierischer Organismen. Knochen bestehen zum kleineren Teil, Muschel-

und Schneckengehäuse sowie Eierschalen zum größeren Teil aus Calciumkarbonat.

Die Karbonate sind allgemein Verbindungen von Metalloxyden mit Kohlendioxyd CO_2:

$$RO + CO_2 = RCO_3,$$

wobei R ein zweiwertiges Metall, vorwiegend Ca, Mg, untergeordnet Fe sein kann. Die Karbonate sind m. a. W. Salze der wirklichen Kohlensäure H_2CO_3, die man im Wasser als enthalten annimmt, die man aber daraus wegen ihrer offenbar sehr geringen Beständigkeit nicht isolieren kann, da sie sofort zerfällt nach der Gleichung

$$H_2CO_3 = H_2O + CO_2.$$

Kohlensäurehaltige Wässer, kenntlich an säuerlichem Geschmack, nennt man Kohlensäuerlinge; wo sie als natürliche Quellen aufsteigen (z. B. Brohltal in der Eifel) sind sie die letzten Zeugen einstiger vulkanischer Tätigkeit.

Die bodenkundlich wichtigsten Karbonate sind der kohlensaure Kalk, $CaCO_3$ und das Magnesiumkarbonat, $MgCO_3$, letzteres vor allem in Verbindung mit Calciumkarbonat als Doppelkarbonat von Mg und Ca in der Form des Dolomitspates, $CaCO_3 . MgCO_3$.

1. **Calciumkarbonat oder kohlensaurer Kalk,** $CaCO_3$. Kristallisiert hexagonal als Kalkspat, der bei weitem am häufigsten ist, und rhombisch als Aragonit, ist also dimorph. Kalkspat ist glasklar, durchsichtig bis trübe und dann meist durch Beimengungen verunreinigt. Er spaltet vollkommen in Rhomboederstückchen. H = 3, D = 2,6—2,8. Aragonit ist auch meist klar durchsichtig, kann auch trübe sein und zeigt stets Glasglanz. H = 3,5—4, D = 2,9—3. Kreide ist feinerdiges Calciumkarbonat, das z. T. aus Körnern und Scheibchen tierischen Ursprunges besteht (Kreide auf Rügen). Tropfstein ist das aus wäßriger Lösung ausgeschiedene Calciumkarbonat, das sich in Kalksteinhöhlen in Gestalt von Stalaktiten und Stalagmiten findet. Auch an der Tagesoberfläche bildet sich Calciumkarbonat in Gestalt von Kalktuff, der aus kalkhaltigen Wässern, namentlich in der Nähe von Quellen ausgeschieden wird (Abb. 18, 19, S. 55). Die Verwitterung des kohlensauren Kalkes besteht wesentlich in seiner Lösung und Fortführung.

2. **Magnesiumkarbonat,** $MgCO_3$, im reinen Zustande Magnesit, enthält ca. 47,6 % MgO und kristallisiert hexagonal. H = 4—4,5, D = 2,9—3,1. Der reine Magnesit, der weiße Farbe besitzt, hat

bodenkundlich nur geringe Bedeutung. Weit wichtiger ist er in Gestalt des Doppelkarbonates:

3. **Dolomitspat,** $CaCO_3 . MgCO_3$. H = 3,5—4, D = 2,8—2,9. Als hexagonal kristallisierendes, meist farbloses glasglänzendes Mineral ist er bodenkundlich nicht sonderlich wichtig, wohl aber in Gestalt des sog. kristallinischen Dolomites, der als derbes, rauhes (Rauhkalk) Gestein für manche geologischen Formationen ganz charakteristisch ist (Zechstein). Bei der Verwitterung wird zuerst das Calciumkarbonat gelöst und fortgeführt und der Rest nähert sich immer mehr der Zusammensetzung des reinen Dolomites. Der Dolomit selbst wird auch gelöst, aber weit schwieriger als das Calciumkarbonat. Das ist bedingt durch die größere Widerstandsfähigkeit des Dolomites gegen Säuren. Calciumkarbonat braust beim Betupfen mit Säuren, besonders verdünnter Salzsäure, lebhaft auf, Dolomit hingegen, mit verdünnter Salzsäure behandelt, braust meist erst bei höherer Temperatur. Darauf beruht die viel benutzte Reaktion zur Unterscheidung des Kalkspates oder Kalksteines von Dolomitspat und Dolomitgesteinen (Salzsäurefläschchen).

4. **Eisenkarbonat oder Spateisen,** $FeCO_3$, ebenfalls hexagonal kristallisierend, ist bodenkundlich nur von untergeordneter Bedeutung. H = 3,5—4, D = 3,7—3,9. Kommt er im Boden vor, dann ist er meist durch Verwitterung eisenhaltiger Gesteine entstanden. Er wird dann bald von CO_2-haltigen Wässern gelöst. An der Luft verliert er seine Kohlensäure und geht in Eisenoxyd (Roteisen) und Eisenhydroxyd (Brauneisen) über:

$$2\,FeCO_3 + O = Fe_2O_3 + 2\,CO_2$$
$$2\,FeCO_3 + O + 3\,H_2O = Fe_2(OH)_6 + 2\,CO_2.$$

d) Phosphate.

Die Phosphate sind die Salze der Phosphorsäure, bodenkundlich wichtig sind die Salze der dreibasischen Orthophosphorsäure H_3PO_4, die in der Natur vorkommenden Phosphate sind mit seltenen Ausnahmen normale Salze.

Das wichtigste Phosphat ist das phosphorsaure Calcium oder Calciumphosphat, das in der Natur als Apatit und als Phosphorit vorkommt. Weniger wichtig, aber immerhin ziemlich häufig ist das Eisenphosphat Vivianit.

1. **Apatit.** Mit diesem Namen werden isomorphe Mischungen

von Chlor- und Fluorapatit bezeichnet, die folgendermaßen zusammengesetzt sind:

Chlorapatit = $ClCa_5(PO_4)_3$ mit 40,93 P_2O_5 und 6,81 Cl,
Fluorapatit = $FCa_5(PO_4)_3$ mit 42,26 P_2O_5 und 3,78 F.

Apatit kristallisiert hexagonal und hat muschligen, spröden Bruch sowie auf Kristallflächen Glasglanz. Er ist meist wasserklar, kann aber auch in jeglichen Farben zufällig gefärbt sein. H = 5, D = 3,1—3,2. Der Apatit ist der Träger der so wichtigen Phosphorsäure im Boden. Von allen Mineralsäuren wird er leicht gelöst. Größere Kristalle werden bei der Verwitterung undurchsichtig und werden z. T. in Calciumkarbonat umgewandelt.

2. **Phosphorit** ist die dichte, sog. kryptokristalline Varietät des Apatits. Er kommt in feinfaserigen, chalcedon- und kreideartigen Massen vor und ist ein hochwertiges Düngemittel, wird daher überall dort, wo er in irgendwie nutzbarer Menge vorkommt, bergmännisch gewonnen (Florida, Algier).

3. **Vivianit.** Dieser ist ein neutrales Orthophosphat von der Zusammensetzung $Fe_3P_2O_8 . 8\,H_2O$. Er kristallisiert monoklin und hat eine schöne blaue Farbe, wird daher auch Blaueisenerz genannt. P_2O_5-Gehalt etwa 28,29. H = 2, D = 2,6—2,7. An der Luft bildet sich aus ihm basisches Fe_2O_3-phosphat.

c) Sulfate.

Die Sulfate sind die Salze der Schwefelsäure H_2SO_4. Diese hat zwei vertretbare H-atome, sie kann also normale und saure Salze bilden (vgl. S. 7). Bodenkundlich wichtig sind nur die normalen Salze und hier ist es auch nur das Calciumsulfat, das sich in Gestalt des Anhydrits $CaSO_4$ und des Gipses $CaSO_4 . 2\,H_2O$ an der Bodenbildung beteiligt, während die Salze des K, Na und Mg in natürlichen Wässern gelöst sind und besondere Bedeutung haben als die wertvollen Salze der Kalisalzlager.

1. **Anhydrit,** $CaSO_4$, kristallisiert rhombisch und kommt hauptsächlich in kristallinischen, grau oder blau gefärbten Massen als Gestein vor. H = 3—3,5, D = 2,8—3. Er geht durch Wasseraufnahme über in

2. **Gips,** $CaSO_4 . 2\,H_2O$, der monoklin kristallisiert (Abb. 5) und ein im Boden weit verbreitetes Mineral ist. Als körniges Gestein bildet er ganze Bergzüge am Südrande des Harzes und a. a. O. H = 1,5—2, D = 2,2—2,4. Gips ist durchweg glasklar und hat eine

vorzügliche Spaltbarkeit. Infolge seiner weiten Verbreitung ist der Gips der Träger der Schwefelsäure im Boden. Er ist verhältnismäßig leicht löslich (in 380—460 Teilen H_2O) und wird daher leicht durch die Bodenwässer fortgeführt, um an geeigneten Orten beim Verdunsten des Wassers oft überraschend schnell auszukristallisieren (Gipsausblühungen).

Abb. 5. Gipskristalle; drei einfache Kristalle und ein Kristallzwilling (Schwalbenschwanzzwilling). Original im Mineralog.-Geolog. Institut der Techn. Hochschule Hannover. *G. Frebold* phot.

Häufig werden die Sulfate im Boden reduziert (Entziehung von O aus seinen Verbindungen), besonders dann, wenn in Zersetzung begriffene organische Stoffe im Boden vorhanden sind. Befindet sich z. B. Calciumsulfat unter Luftabschluß oder mangelndem Luftzutritt in Berührung mit verwesenden Pflanzenstoffen im Boden, so wird es zu Schwefelcalcium oder Calciumsulfid reduziert (unter Freiwerden von O):

$$CaSO_4 = CaS + O_4.$$

Reagiert dieses CaS mit schwachen Säuren, z. B. Kohlensäure, so entsteht außer Calciumkarbonat noch der giftige, nach faulen Eiern riechende Schwefelwasserstoff H_2S:

$$CaS + H_2O + CO_2 = CaCO_3 + H_2S.$$

Sind im Boden außer Calciumsulfat noch Eisenverbindungen vorhanden, z. B. Eisenkarbonat $FeCO_3$, so bildet sich statt des Schwefelwasserstoffs gleich Schwefeleisen (unter Freiwerden von O):

$$2\,CaSO_4 + FeCO_3 + CO_2 = FeS_2 + 2\,CaCO_3 + 7\,O.$$

Besonders wichtig wird das Calciumsulfat, wenn es z. B. mit dem leicht flüchtigen Ammoniumkarbonat, das ebenfalls im Boden häufig vorhanden ist, reagiert:

$$CaSO_4 + (NH_4)_2CO_3 = (NH_4)_2SO_4 + CaCO_3.$$

Es entsteht dadurch das für die Pflanzenernährung sehr wichtige, nicht flüchtige Ammoniumsulfat $(NH_4)_2SO_4$.

f) Sulfide.

Als Sulfide bezeichnet man die Verbindungen des Schwefels mit Wasserstoff und mit zahlreichen Metallen. Der eben schon erwähnte Schwefelwasserstoff H_2S ist ein Sulfid, das bei der Fäulnis schwefelhaltiger organischer Stoffe entsteht. Gewisse Bakterien[1]) scheiden aus dem H_2S Schwefel ab. Von den Metall-Schwefelverbindungen hat größere bodenkundliche Bedeutung nur das

Eisenbisulfid FeS_2. Gemeinhin bezeichnet man dieses Mineral als Schwefelkies. Es kommt vor als regulärer Pyrit oder als rhombischer Markasit, ist also dimorph. Seine Entstehung ist eben besprochen. Beide Varietäten haben spröden Bruch, funken beim Anschlagen unter Schwefelgeruch und haben eine speisgelbe Metallfarbe. H = 6—6,5, D = 4,9—5,2 für Pyrit, 4,6—4,8 für Markasit.

Bei Berührung mit feuchter Luft bildet sich aus dem Schwefeleisen Ferrosulfat und freie Schwefelsäure:

$$(1) \qquad FeS_2 + H_2O + 7\,O = FeSO_4 + H_2SO_4.$$

Diese Umsetzung geht bei Markasit schneller vor sich als bei Pyrit. Das Ferrosulfat (Eisenvitriol) setzt sich durch Aufnahme von O und bei Anwesenheit von freier H_2SO_4 weiter zu Ferrisulfat um:

---

[1]) Schwefelbakterien leben in Schwefelquellen und am Boden von Gewässern, in denen durch Fäulnis organischer Stoffe H_2S auftritt. Am häufigsten von ihnen ist die fadenförmige Beggiatoa alba.

(2) $2\,FeSO_4 + H_2SO_4 + O = Fe_2(SO_4)_3 + H_2O$.

Wenn nun diese Produkte mit Kalk (CaO) oder Calciumkarbonat $CaCO_3$ zusammenkommen, dann finden die weiteren Umsetzungen statt:

(3) $H_2SO_4 + CaCO_3 = CaSO_4 + H_2O + CO_2$ (H_2SO_4 aus Gl. (1)).

(4) $FeSO_4 + CaCO_3 = CaSO_4 + FeCO_3$ ($FeSO_4$ aus Gl. (2)).

Aus dem $FeCO_3$ der Gl. (4) wird durch weitere Umsetzung: entweder

(5) $2\,FeCO_3 + O = Fe_2O_3 + 2\,CO_2$

oder

(6) $2\,FeCO_3 + O + 3\,H_2O = Fe_2(OH)_6 + 2\,CO_2$

im ersten Falle (5) entsteht Eisenoxyd, im zweiten Falle (6) Eisenhydroxyd. Auch das Ferrisulfat der Gl. (2) setzt sich um:

(7) $Fe_2(SO_4)_3 + 3\,CaCO_3 = Fe_2O_3 + 3\,CaSO_4 + 3\,CO_2$.

Die freie Schwefelsäure der Gl. (2) sowie die Eisensulfate der Gl. (1) und (2) sind heftige Pflanzengifte, das eben abgeleitete Verhalten des Schwefelkieses ist also bodenkundlich sehr wichtig.

g) Oxyde und Hydroxyde.

Oxyde sind die Verbindungen der Metalle mit Sauerstoff, während in den Hydroxyden noch Wasser zu einem Oxyd getreten ist, z. B. CaO = Calciumoxyd; $CaO + H_2O = Ca(OH)_2$ = Calciumhydroxyd. Bodenkundlich wichtige Mineralien dieser beiden Gruppen werden nur vom Eisen und Aluminium geliefert.

1. **Eisenverbindungen.** Als Oxyd tritt Eisen in doppelter Form auf: als Eisenoxyd oder Eisenglanz Fe_2O_3 und als Eisenoxydul FeO. Die Verbindung beider Oxyde

$$FeO + Fe_2O_3 = Fe_3O_4$$

ergibt ein ziemlich weit verbreitetes Mineral, das Magneteisen. Es kristallisiert regulär und ist schwarz gefärbt. H = 5,5—6,5, D = 4,9—5,2. Magneteisen verwittert durch Sauerstoffaufnahme zu Eisenoxyd und bei Gegenwart von Wasser zu Eisenhydroxyd. Eisenoxyd oder Eisenglanz Fe_2O_3 kristallisiert hexagonal und hat schwarzen Metallglanz, aber roten Strich (daher auch Roteisen). H = 5,5—6,5, D = 5,1—5,2. Eisenglanz oder Roteisen ist weit verbreitet, außer in bergbaulich wichtigen Gängen und Lagern findet es sich in kleinen Mengen in vielen Gesteinen und Bodenarten, deren rote Farbe es bedingt. Durch Aufnahme von Wasser geht Eisenoxyd in Eisenhydroxyd über

$$Fe_2O_3 + 3\,H_2O = 2\,Fe(OH)_3,$$

indem sich dabei die Farbe von rot in gelb und braun umändert. Dieses Eisenhydroxyd ist neben Calciumkarbonat, Tonmineralien und anderen Silikaten der wesentliche Bestand des Brauneisens oder Limonits, das das Gel des Eisenhydroxyds darstellt. Das Raseneisenerz der Niederungs- und Marschländereien, sowie das Sumpferz am Boden von Sümpfen und unter Torfablagerungen sind Varietäten des Brauneisenerzes. Eisenhydroxyd kann sich übrigens auch in Wässern bilden, die saures Eisenkarbonat enthalten:

$$2\,H_2Fe(CO_3)_2 + O + H_2O = 2\,Fe(OH)_3 + 4\,CO_2.$$

Die so entstandenen gelb oder braun gefärbten Absätze bezeichnet man als Ocker oder Eisenocker.

2. **Aluminiumverbindungen.** Von diesen ist nur bedeutungsvoll das Tonerdehydrat oder Aluminiumhydroxyd, $Al(OH)_3$, das sich durch die Zersetzung der Feldspäte bildet. In Verbindung mit Eisenhydroxyd tritt es auf als Bauxit, dem Gel des Hydrargillits; dieses ist vor allem technisch wichtig zur Darstellung von Tonerdeverbindungen, Aluminium usw.

Die nun noch zu besprechenden Mineralien sind keine Bodenbildner in dem Sinne wie die bisher behandelten; aber sie haben für die im Boden sich abspielenden chemischen Vorgänge eine ganz erhebliche Bedeutung. Es sind das vor allem die Chloride, Nitrate und Ammonverbindungen.

h) Chloride.

Die Chloride sind Verbindungen des Chlors mit Metallen, die auch als Salze der Chlorwasserstoffsäure HCl (Salzsäure) angesehen werden können. Von diesen Chloriden sind besonders wichtig diejenigen des Na, K, Mg und Ca. Die größte Verbreitung hat das

1. **Steinsalz,** NaCl, das regulär kristallisiert und überwiegend am Aufbau der Kalisalzlagerstätten Deutschlands beteiligt ist. Es findet sich in feiner Verteilung im Boden sowie aufgelöst im Mineralwasser, in geringen Mengen auch wohl in fast allen natürlichen Ge-

wässern. In letzteren kommen auch Kaliumchlorid KCl, Magnesiumchlorid $MgCl_2$ und Calciumchlorid $CaCl_2$ in geringen Mengen vor.

2. **Sylvin,** KCl, kristallisiert regulär und unterscheidet sich vom Steinsalz durch seinen scharfen Beigeschmack.

Sämtliche Chloride sind in Wasser leicht löslich. Bei Berührung mit anderen Salzen erleiden sie zahlreiche Wechselzersetzungen; darauf beruht offenbar, daß manche Chlorverbindungen lösend auf schwerlösliche Stoffe einwirken. Alle derartigen Wechselzersetzungen gehen aber nur sehr langsam vor sich und nie bis zur vollen Umsetzung.

Kalisalze. Es ist hier der Ort, kurz der für die Bodenkunde so wichtigen Kalisalze Erwähnung zu tun. An der Zusammensetzung der Kalisalzlager beteiligen sich vorwiegend Chloride und Sulfate des Na, K, Mg, Ca sowie ganz untergeordnet auch das Fe. Über den geologischen Aufbau und die höchst eigentümlichen Lagerungsverhältnisse vgl. Bücherei für Landwirte, Band „Geologie" von Potonié und Seitz, S. 77 und 78. Hier seien nur die wichtigsten Salzmineralien genannt:

Steinsalz, NaCl,

Sylvin, KCl,

Carnallit, KCl. $MgCl_2 . 6\,H_2O$, ein Doppelchlorid, das rhombisch kristallisiert und an der Luft leicht zerfließt.

Kieserit, $MgSO_4 . H_2O$, ein monoklines, wasserhaltiges Mg-sulfat, das ebenfalls leicht H_2O aufnimmt und Ausblühungen von weißem Bittersalz verursacht.

Kainit, $MgSO_4 . KCl . 3\,H_2O$, ebenfalls monoklin kristallisierend.

Bischoffit, $MgCl_2 . 6\,H_2O$, Langbeinit, $K_2SO_4 . 2\,MgSO_4$, Schönit, $MgSO_4 . K_2SO_4 . 6\,H_2O$ und Polyhalit, $K_2SO_4 . MgSO_4 . 2\,CaSO_4 . 2\,H_2O$, sowie einige andere kommen in weit geringeren Mengen in den Kalisalzlagerstätten vor, sind aber fest ständige Begleiter der Hauptsalzmineralien.

Die Salzmineralien bilden in den Kalisalzlagerstätten riesige Massen von Salzgesteinen, die im folgenden kurz genannt seien.

Steinsalz, besteht hauptsächlich aus NaCl, ist aber durch Ton- und Anhydritbeimengungen grau gefärbt; gelegentliche Rotfärbung stammt von fein verteiltem Roteisen Fe_2O_3. Carnallit (= Carnallithalit oder Carnallitit) besteht aus Steinsalz und Carnallit in wechselnder Zusammensetzung und ist durch Einlagerung von Eisenglimmerschüppchen meist rot gefärbt. Hauptsalz ist ein Gemenge von Steinsalz, Carnallit und Kieserit und oft konglomeratisch (Hauptsalz-Konglomerat). Sylvinit ist ein Gemenge von Steinsalz und Sylvin in wechselnder Zusammensetzung. Hartsalz besteht aus Steinsalz, Sylvin und Kieserit (oder Anhydrit) und ist härter als Sylvinit.

i) Nitrate.

Nitrate sind die Salze der Salpetersäure HNO_3. Einige Bedeutung von diesen Salzen gewinnen für die Bodenkunde nur das Natrium- und das Kaliumnitrat.

1. **Natronsalpeter** oder Natriumnitrat $NaNO_3$, kristallisiert hexagonal, zeigt Glasglanz und ist farblos. Er bildet in Gemeinschaft mit wechselnden Mengen von Na-, Mg- und Ca-sulfaten sowie NaCl ausgedehnte oberflächliche Lager in den trockenen Gegenden von Chile und Peru. Seine Entstehung führt man auf Nitrifikation von gehobenem Meerestang durch Bakterien zurück. Das von den z. T. pflanzenschädlichen Beimengungen befreite Material, der Chilesalpeter, kommt als wertvolles Düngemittel in den Handel.

2. **Kalisalpeter** oder Kaliumnitrat, KNO_3, kristallisiert rhombisch und bildet sich bei uns häufig dort, wo faulender Harn usw. mit Mauerwerk in Berührung kommen (z. B. in Viehställen). Kaliumnitrat sowie Ca- und Mg-nitrat finden sich stellenweise als Gesteinsausschwitzungen in Ostindien. Alle drei sind aber bodenkundlich nur von geringer Bedeutung.

Auch sämtliche Nitrate lösen sich leicht in Wasser. Wie die Chloride sind sie imstande, schwer lösliche Stoffe in Lösung zu bringen.

k) Ammoniumverbindungen.

Bei der Verwesung und Fäulnis stickstoffhaltiger pflanzlicher und tierischer Stoffe setzt sich ein Teil des in ihnen enthaltenen Stickstoffes in Ammoniak NH_3 um. Eine zweite wenn auch relativ geringere Quelle von NH_3 ist die Herstellung des Leuchtgases, bei der ebenfalls Ammoniak frei wird und z. T. in die Luft gelangt. Das so erzeugte, im Boden und in der Luft vorhandene Ammoniak bildet mit Säuren leicht Salze:

mit HCl: $NH_3 . HCl = NH_4Cl$, Ammoniumchlorid, Salmiak,
mit HNO_3: $NH_3 . HNO_3 = NH_4NO_3$, Ammoniumnitrat,
mit H_2CO_3: $(NH_3)_2 . H_2CO_3 = (NH_4)_2CO_3$, Ammoniumkarbonat.

Diese Salze sind bodenkundlich insofern sehr wichtig, als sie die

Kulturpflanzen mit dem nötigen Stickstoff versorgen. Ist der Boden gut durchlüftet, so setzt sich das entstehende Ammoniak unter dem Einfluß von Nitrit- und Nitratbakterien leicht in Salpetersäure um:

$$NH_3 + 4\,O = HNO_3 + H_2O.$$

II. Die bodenbildenden Gesteine.

a) Allgemeines.

Gesteine sind Gemenge von einem oder mehreren Mineralien. Der Boden, der bei der Verwitterung der Gesteine entsteht, ist in seiner qualitativen Zusammensetzung abhängig von den das betreffende Gestein bildenden Mineralien, seine quantitative Zusammensetzung ist bedingt durch die jeweilig im Gestein gegebene Gesellschaft von Mineralien. So kommt es, daß zwei sehr verschiedene Gesteine, z. B. Basalt und Granit, sich hinsichtlich der analysierten Stoffe, die in Analysen stets als Oxyde angegeben werden, gleichen, grundverschieden aber sind hinsichtlich des prozentischen Gehaltes an diesen analysierten Stoffen, die ja von der Mineralgesellschaft abhängen. Es unterscheiden sich also in unserem Falle ,,Basaltboden" und ,,Granitboden" chemisch ganz erheblich voneinander.

Entsprechend dem, was bereits in der Einleitung kurz besprochen wurde, können wir unterscheiden:

Eruptivgesteine, gebildet aus dem Silikatschmelzfluß im Erdinnern,

kristalline Schiefer, entstanden z. T. als metamorph umgewandelte Eruptivgesteine oder als metamorph umgewandelte Sedimentgesteine.

Tonschiefer und Tone, gebildet durch Absatz der bei der Verwitterung entstandenen Tonteilchen. Sind derartige Absätze unter Druck mehr oder weniger schiefrig geworden, dann spricht man bei weicheren, schiefrigen Gesteinen von Schieferton, bei härteren, schiefrigen Gesteinen von Tonschiefer. Letten ist die wenig schiefrige Abart des Schiefertones. Tone selbst sind feste zähe Massen von hoher Plastizität und Wasserkapazität.

Kalk- und Dolomitgesteine; erstere entstanden unter Mitwirkung von Organismen (vor allem tierischen, aber auch pflanzlichen), die aus dem Wasser kohlensauren Kalk entziehen und ihn zu ihrem Aufbau verwenden. Der Marmor, ein aus fast reinem Kalkspat bestehendes Gestein, ist durchweg ein metamorphes Gestein. Dolomitgesteine sind z. T. ähnlich wie Kalkstein aus dem Wasser abgesetzt, z. T. aber sind sie auch durch Eindringen von $MgCO_3$-haltigen Wässern in Kalkstein entstanden (Dolomitisierung).

Konglomerate, Sandsteine und Sande. Alle sind entstanden aus dem Absatz von Gesteinstrümmern. Bei den Konglo-

Abb. 6. Marmorbreccie. Original im Mineralog.-Geolog. Institut der Techn. Hochschule Hannover. *G. Frebold* phot.

meraten erreichen diese Trümmer im Vergleich zum Sandstein, der nur ein durch ein Bindemittel verkittetes und verfestigtes Gemenge von mehr oder weniger kleinen Sandkörnern darstellt, beträchtliche Größe und sind entweder kugelig (eigentliche Konglomerate) oder eckig (Breccien) (Abb. 6) gestaltet und auch miteinander verkittet. Bei den Sanden selbst fehlt das Bindemittel, sie bilden lockere Massen.

Von stark wechselndem Charakter sind die losen Bildungen des Diluviums und Alluviums, die entweder durch die Tätigkeit des Windes oder des Wassers oder des Eises zum Absatz gelangt sind.

b) Eruptivgesteine.

Die aus dem Silikatschmelzfluß des Erdinnern erstarrten Eruptivgesteine sind entweder in der Tiefe erkaltete Tiefengesteine oder bis zur Erdoberfläche emporgedrungene und auf ihr erstarrte

Oberflächen- oder Ergußgesteine. Für die Zwecke der Bodenkunde gliedern wir die Eruptivgesteine nach ihrem Gehalt an SiO_2 und unterscheiden saure, neutrale oder intermediäre und basische Gesteine.

1. **Saure Gesteine.**

Granit ist ein kristallinisch-körniges Gestein, das in der Hauptsache aus Quarz, Orthoklas, Plagioklas und Glimmer zusammen-

Abb. 7. Bankig-wollsackartige Verwitterung des Granits. Dreikäseklippe bei Hohne im Harz. *O. H. Erdmannsdörffer* phot.

gesetzt ist. Nicht wesentliche Gemengteile sind Augit, Hornblende, Turmalin usw. Die entsprechenden Abarten des Granits heißen dann Augitgranit, Hornblendegranit, Turmalingranit. Die Verwitterung des Granits hängt ab von der Korngröße und von dem Gehalt an Feldspäten. Je größer die Körner und je reicher an Feldspat, desto leichter verwittert der Granit. Die Verwitterung geht dabei aus von den im Gestein vorhandenen Spalten, es entstehen abgerundete größere und kleinere Blöcke von wollsackähnlicher Gestalt (Abb. 7). Grobkörnige Granite ergeben durch die Verwitterung einen lockeren Gesteinsgrus, der infolge des Feldspatgehaltes allmählich in einen lehmigen, alkalireichen, aber meist kalkarmen und tiefgründigen Boden übergeht. Humusstoffe zersetzen sich auf

Granitboden nur langsam, Rohhumusbildungen führen daher auf Granitboden leicht zu Sumpf- und Torfbildungen. Feinkörnige Granite geben einen flachgründigen, grandigen und sandigen Boden, der ziemlich geringwertig ist und noch mehr zur Rohhumusbildung neigt als der grobkörnige Granit.

Ein lehrreiches Beispiel von Granitverwitterung, das Blanck und Petersen in Analysen festgehalten haben, mag hier folgen.[1])

Bestandteile	1	2	3	4	5	6
SiO_2	70,85	71,55	70,46	70,34	77,28	75,55
TiO_2	0,26	0,29	0,21	0,19	0,56	0,59
Al_2O_3	11,70	12,85	13,85	14,06	8,16	8,95
Fe_2O_3	2,97	3,08	2,74	2,86	3,34	3,40
FeO	1,65	1,23	1,44	1,26	0,93	0,76
$Fe_2O_3 + FeO$	4,62	4,31	4,18	4,12	4,27	4,16
CaO	1,78	1,20	1,17	1,17	1,13	1,10
MgO	0,71	0,72	0,65	0,54	1,15	1,40
K_2O	5,15	5,28	5,06	5,00	3,15	2,72
Na_2O	3,37	3,18	3,18	2,92	1,48	1,48
$K_2O + Na_2O$	8,52	8,46	8,24	7,92	4,63	4,20
P_2O_5	0,10	0,09	0,11	0,10	0,11	0,14
SO_3	—	—	—	—	—	0,13
Glühverlust	2,10	1,30	1,16	1,05	2,20	3,95

Bestandteile	7	8	9	10	11	12
SiO_2	70,48	67,90	67,85	47,65	70,24	73,31
TiO_2	0,48	0,59	0,54	0,34	0,27	0,16
Al_2O_3	12,21	11,12	11,21	8,20	14,65	12,41
Fe_2O_3	—	—	—	—	—	—
FeO	—	—	—	—	—	—
$Fe_2O_3 + FeO$	3,15	3,05	2,40	1,56	2,85	1,73
CaO	0,81	0,72	0,45	0,36	0,72	0,66
MgO	0,87	1,26	0,63	0,62	0,12	0,11
K_2O	3,13	2,79	2,56	1,80	5,63	5,56
Na_2O	1,13	1,61	1,50	0,59	3,10	2,58
$K_2O + Na_2O$	4,26	4,40	4,06	2,39	8,73	8,14
P_2O_5	0,14	0,14	0,17	0,16	0,05	0,10
SO_3	0,14	0,08	0,10	0,20	—	—
Glühverlust	7,46	11,00	14,10	37,48	1,65	2,90

[1]) E. Blanck und H. Petersen, Über die Verwitterung des Granits am Wurmberge bei Braunlage im Harz. Journal für Landwirtschaft. 1924. S. 197—201.

Darin ist:

1. Frischer Granit. Klein bis mittelkörnig, von lichtroter Farbe.
2. Verwitterter Granit a. Gestein mit bräunlich-gelbem Anflug. Beginnende Zersetzung der Feldspäte, besonders dort, wo Glimmer und Orthoklas zusammentreffen.
3. Verwitterter Granit b. Das Gestein ist zerbrechlich geworden.
4. Verwitterter Granit c. Die Gesteinslockerung hat zugenommen.
5. Lockere grusige Masse. Farbe gelbbraun (durch rege Beteiligung des Eisens bei der Verwitterung). Erstes Zerfallsprodukt des Gesteins.
6. Braune Erde. Gehalt an Humus noch gering.
7. Dunkelbraune Erde. Gehalt an Humus ist höher.
8. Graubraune humose Erde.
9. Stark humose graue Erde.
10. Fast schwarz aussehende, stark humose oberste Schicht.

Quarzporphyr und Quarztrachyt sind hinsichtlich der Mineralführung die dem Granit entsprechenden Ergußgesteine. Beide haben als wesentliche Gemengteile Feldspat (beim Quarzporphyr Orthoklas, beim Quarztrachyt Sanidin), Quarz, Biotit und mitunter auch etwas Plagioklas. Enstatit und Hornblende sind nur akzessorische Gemengteile. Die Struktur ist charakteristisch: größere Mineraleinsprenglinge liegen in einer dichten Grundmasse eingebettet (Abb. 8). Die Verwitterung der Quarzporphyre und Quarztrachyte ist schwer, sie geht um so langsamer vor sich, je feinkörniger die Grundmasse ist. Das Gestein zerfällt in scharfkantige Trümmer und geht in einen flachgründigen, erdarmen aber steinreichen, meist recht ungünstigen Boden über. Rohhumusbildungen sind auch hier häufig. Gesteine mit größerem Reichtum an ausgeschiedenen Kristallen verhalten sich hinsichtlich der Bodenbildung günstiger.

2. Neutrale oder intermediäre Gesteine.

Syenit ist ein körniges Gestein, dessen wesentliche Mineralien Orthoklas und Hornblende sind, Quarz fehlt oder tritt nur ganz selten auf. Biotit- oder Augit-führende Syenite (Glimmersyenit,

Augitsyenit) kommen nur ganz untergeordnet vor. Bei der Verwitterung entsteht zunächst Grus, der dann einen lockeren, Fe-reichen Ton- oder Lehmboden liefert. Rohhumusbildungen sind selten.

Diorit ist ein wesentlich aus Plagioklas und Hornblende bestehendes Gestein, das körnig, porphyrisch oder dicht ausgebildet

Abb. 8. Porphyr, angeschliffen. Beispiel für porphyrische Struktur: große helle Feldspateinsprenglinge in dichter, dunkler Grundmasse. Original im Mineralog.-Geolog. Institut der Techn. Hochschule Hannover. *G. Frebold* phot.

sein kann. Er verwittert langsam und liefert einen steinreichen Boden.

Porphyrit. Hierzu werden Gesteine von porphyrischer Struktur gerechnet, deren Feldspat Plagioklas ist. Es gibt Hornblende-, Glimmer- und Augitporphyrite. Sie ergeben steinreichen, aber meist tiefgründigen und etwas Fe-haltigen Tonboden.

Trachyte. Dies sind meist porphyrische Gesteine, zu denen man den Quarztrachyt (siehe oben), den Trachyt (mit Sanidin, Plagioklas und Hornblende) und den Andesit (mit Plagioklas und Hornblende oder Augit) rechnet. Trachyt verhält sich hinsichtlich der Bodenbildung dem Quarztrachyt gleich (siehe oben), während die Andesite einen wesentlich fruchtbareren Boden geben.

3. Basische Gesteine.

Gabbro ist ein körniges Gestein, das wesentlich durch die Mineralien Plagioklas und Diallag gekennzeichnet ist. Wesentlich ist mitunter auch Olivin (Olivingabbro). Norite sind Gabbros mit vorwiegend rhombischem Pyroxen. Peridotite sind die Feldspat-freien Glieder der Gabbrofamilie und bestehen wesentlich aus Olivin und Pyroxen. Bei der Verwitterung entstehen aus ihnen allen eisenreiche (infolge des mehr oder weniger hohen Olivingehaltes) dunkle Tonböden, die meist sehr fruchtbar sind und in ihrem Verhalten an die Basaltböden erinnern.

Diabas ist ein körniges Gestein, das vorwiegend aus Plagioklas und Augit besteht. Mitunter findet sich Olivin und bildet dann Olivindiabas. Charakteristisch ist ein häufig recht hoher Gehalt an Titaneisen $(FeTi)_2O_3$. Die Verwitterung des Diabases setzt ein mit der Umwandlung des primär vorhandenen Augits in Chlorit (Chloritisierung), der hohe Kalkgehalt des Augits bedingt Ausscheidungen von $CaCO_3$. Der aus dem Diabas entstehende dunkle Boden ist reich an Eisen, Phosphorsäure und Kalk und daher sehr fruchtbar. Die den Diabas meist begleitenden Tuffe[1]), die Schalsteine, verhalten sich bei der Verwitterung ähnlich, zerfallen aber leichter und geben einen tiefgründigen guten Boden.

Melaphyr. Mit diesem Namen bezeichnet man meist dunkle dichte, mitunter auch porphyrische Gesteine, deren wesentliche Mineralien Plagioklas und Augit sowie gelegentlich auch Olivin sind. Melaphyrmandelstein ist eine durch mehr oder weniger große Blasenräume charakteristische Varietät des eigentlichen Melaphyrs; in den Blasenräumen haben sich oft sekundäre Mineralien (Kalkspat, Quarz, Chalcedon usw.) abgesetzt. Die Mandelsteine verwittern infolge ihrer größeren Porosität schneller als der eigentliche Melaphyr. Dieser zerklüftet zunächst und die einzelnen Bruchstücke überziehen sich mit einer grünlichen, später ockerbraunen Kruste (Folge des Eisengehaltes im Augit und Olivin). Das Endprodukt der Verwitterung ist ein dunkler, eisenreicher Tonboden.

Phonolith ist ein dichtes Gestein, das wesentlich aus Sanidin und Nephelin und gewöhnlich einem Natron-reichen Augit besteht.

---

[1]) Tuffe sind meist recht lockere Massen, die entstanden sind aus den Zusammenhäufungen desjenigen Materials, das bei vulkanischen Eruptionen durch die entweichenden Gase zerstäubt wurde.

Diese drei bilden die Grundmasse, in der nur hier und da ein Sanidintäfelchen als porphyrischer Einsprengling hervortritt. Der Phonolith verwittert meist plattig, die Platten überziehen sich mit einer weißen Verwitterungskruste und gehen in einen hellfarbigen, relativ guten Boden über.

Basalte endlich sind für das Auge völlig dichte, dunkle Gesteine, die aus den wesentlichen Gemengteilen Plagioklas (statt dessen auch Nephelin, Leuzit), Augit, sehr häufig Olivin und stets Magneteisen bestehen. Das sind die häufigsten Basalte, die Feldspatbasalte (mit Plagioklas); statt des Plagioklases kann auch Nephelin (Nephelinbasalt), Leuzit (Leuzitbasalt) usw. vorhanden sein. Basalt ist ein sehr widerstandsfähiges Gestein und verwittert infolgedessen recht schwer. Basaltbruchstücke sind meist mit einer gelben bis rostbraunen Verwitterungsschicht (von der Umwandlung des Olivins zu Brauneisen herrührend) überzogen. An Hängen finden sich oft ausgedehnte Basaltblockströme. Der aus dem Basalt entstandene Boden ist ein dunkel gefärbter, steinreicher, eisenhaltiger Tonboden von hervorragender Fruchtbarkeit.

c) Kristalline Schiefer.

Das Hauptmerkmal dieser hochkristallinen Gesteine ist eine mehr oder weniger deutliche Schieferung. Das ist bodenkundlich insofern sehr wichtig, als horizontal gelagerte Gesteine dieser Art das Wasser kaum nach der Tiefe fortleiten, die Folge ist Versumpfung und Versauerung des Bodens. Stehen die Gesteine schräg oder senkrecht, so dringt das Wasser viel leichter ins Gestein ein und der Frost hat es leicht, das Gestein durch Zersprengung weitgehend zu lockern.

Entsprechend den verschiedenen Entstehungsmöglichkeiten sind die kristallinen Schiefer in ihrer Zusammensetzung großen Schwankungen unterworfen, so daß eine Gliederung schwierig ist.

Gneis ist ein wesentlich aus Quarz, Feldspat (mehr Orthoklas als Plagioklas) und Glimmer zusammengesetztes Gestein, das körnige, faserige, schiefrige, dichte usw. Struktur annehmen kann. Die Verwitterung ist von den gleichen Faktoren abhängig wie beim Granit: Feldspatreiche Gneise verwittern schneller als feldspatarme, und quarzreicher Gneis zerfällt durch Frost in meist plattige Bruchstücke, die allmählich in Grus und schließlich in einen gelb- bis rotbraunen, quarzreichen, relativ guten Boden übergehen.

Glimmerschiefer sind ausgezeichnet schiefrige Gesteine, die aus Glimmer und Quarz in sehr wechselnden Verhältnissen bestehen. Nach dem vorherrschenden Glimmer unterscheidet man dunkle Biotitschiefer und helle Muskovitschiefer. Die Verwitterung folgt der Richtung der Schieferung am besten, wenn die Schiefer mehr oder weniger aufgerichtet sind. Der Boden des Muskovitschiefers hat gelbliche bis bräunliche Farbe, ist erdarm und wenig mächtig und daher durchweg geringwertig; im Gegensatz dazu steht der Boden des Biotitschiefers, der infolge seines Eisenreichtums wesentlich günstiger ist.

Phyllite (Urtonschiefer) sind dunkle, graue, braune oder grüne dichte Gesteine mit sehr vollkommener Schieferung. An ihrer Zusammensetzung beteiligen sich mikroskopisch kleine Kristalle von Quarz, Feldspat, Glimmer und Chlorit in sehr wechselnden Mengen. Je nach ihrer Zusammensetzung verwittern die Phyllite sehr verschieden. Quarzreiche dickschiefrige Arten verwittern schwer und geben einen steinigen, flachgründigen Boden, quarzärmere bilden einen milden Boden. In allen Fällen ist die Verwitterung sehr von der Neigung der Schichten abhängig.

d) Tone und Tonschiefer.

Tone und Tonschiefer sind die Endglieder einer Reihe von Gesteinsarten von im wesentlichen gleicher Zusammensetzung, aber verschiedener Härte und verschiedener Ausbildung der Schieferung. Ton besteht wesentlich aus Kaolin, der mit Karbonaten, Quarzsand und Glimmer zu einer zähen, festen und plastischen Masse vermengt ist. Seine hohe Plastizität und Wasserkapazität ergeben stets einen recht ungünstigen Boden, der kalt und naß ist. Etwas besser sind die meist roten eisenreichen Tone. Letten ist die kaum schiefrige Abart des Schiefertones, der, wenn er in größerer Menge auftritt (z. B. im Keuper), einen schweren fruchtbaren Tonboden ergibt. Schieferton ist verhärteter, deutlich schiefriger dunkler Ton, während Tonschiefer ausgezeichnet schiefrige und harte Gesteine von meist dunkler Farbe sind. Beide zerfallen bei der Verwitterung in lockere Massen, die allmählich in einen kräftigen tonigen Boden übergehen.

e) Kalk- und Dolomitgesteine.

Kalksteine kommen in allen geologischen Formationen vor und bestehen in der Hauptsache aus kohlensaurem Kalk. Der bei der Verwitterung aus ihnen entstehende Boden ist naturgemäß stets kalkreich, schwankt aber hinsichtlich seiner übrigen Zusammensetzung je nach der Art der beigemischten Bestandteile sehr. Wir unterscheiden:

1. **Reine Kalke.** Zu ihnen gehören die Kreidegesteine und die kristallinischen und dichten Kalke der verschieden-

Abb. 9. Kramenzelkalk aus dem Okertal im Harz. Beispiel für die Verwitterung eines von dünnen Tonschieferbändern durchzogenen Kalkes. Der Kalk verwittert viel schneller als die Tonschieferbänder, diese bleiben infolgedessen als ein Netzwerk von Leisten bestehen (= Kramenzelstruktur). Original im Mineralog.-Geolog. Institut der Techn. Hochschule Hannover. *G. Frebold* phot.

sten geologischen Formationen. Von letzteren sind bemerkenswert diejenigen des Paläozoikums (Abb. 9), der Muschelkalk der Triasformation und die mächtigen Kalkmassen des Oberen oder Weißen Juras (Abb. 10). Alle diese Kalkgesteine liefern einen an Steinen reichen geringwertigen Boden, der in der Landschaft schon von weitem deutlich erkennbar ist an dem auf ihm sich meist findenden anspruchslosen Gestrüpp von verschiedenen Sträuchern (Dreisch) (Abb. 37, S. 132) inmitten von Schafweiden. Gewisse Kalke des

Muschelkalkes sind reicher an Tonteilen, z. B. der sog. Wellenkalk, der einen schweren Tonboden liefert, der durch seinen Gehalt an löslichen Salzen meist relativ fruchtbar sein kann.

2. **Reine Dolomite** bestehen aus kohlensaurem Kalk und kohlensaurer Magnesia und haben nur sehr geringe Mengen anderer

Abb. 10. Verwitterung von Kalken des Weißen Jura am Eversberge bei Springe am Deister (Hannover). Der von Natur aus schon sehr klüftige plattige Kalk zerfällt infolge der Verwitterung immer mehr, je näher er der Erdoberfläche ist (besonders rechts sehr deutlich). *G. Frebold* phot.

Beimengungen. Sie verwittern noch schwerer als Kalksteine und geben einen steinreichen, sehr geringwertigen Boden. Auf die schwierige Verwitterung deuten die in Dolomitgebieten häufigen Klippen hin. Sind die Dolomite reicher an günstigen Beimengungen, so kann die Verwitterung einen durchaus günstigen Boden ergeben, zumal dann, wenn tonige Bestandteile reichlich vorhanden sind. Derartige Böden haben oft eine außergewöhnliche Fruchtbarkeit.

3. **Mergel** sind innige Gemenge von kohlensaurem Kalk, tonigen Bestandteilen und Sand. Je nach dem vorwiegenden Gehalt an diesen drei Stoffen unterscheidet man:

Tonmergel, 15—20% Kalk, 50—75% tonige Bestandteile, ca. 25% sandige Teile. Sie ergeben einen sehr fruchtbaren Boden.

Lehmmergel, 15—20% Kalk, 20—50% tonige Bestandteile,

Abb. 11. Konglomerat des Unt. Buntsandsteins. Gmünd in der Eifel. Die zum Teil recht großen Gerölle sind durch ein kieseliges Bindemittel miteinander verkittet. Original im Mineralog.-Geolog. Institut der Techn. Hochschule Hannover. *G. Frebold* phot.

25—50% Sand. Sie entstehen meist durch Verwitterung von Sandsteinen mit kalkigem und tonigem Bindemittel.

Kalkmergel, 50—75% Kalk, 20—50% Ton, bis 5% Sand. Sie werden bei raschem Austrocknen hart und fest.

f) Konglomerate, Sandsteine und Sande.

Konglomerate (Abb. 11). Der Wert der Konglomerate für die Bodenbildung schwankt je nach der Art der verkitteten Bruchstücke sehr. In größerer Menge und Ausdehnung treten Konglomerate nur im Rotliegenden auf und hier können sie oft die Bodenbildung weitgehend beeinflussen. Diese Rotliegend-Konglomerate setzen sich aus wallnuß- bis kopfgroßen Stücken sehr heterogener Bestandteile zusammen: Quarz, Hornstein, Kieselschiefer, Granit, Gneis, Quarzporphyr, Glimmer- und Tonschiefer. Sie sind durch ein eisenreiches, tonigsandiges Bindemittel miteinander verkittet. Der aus ihnen entstehende Boden ist sehr steinreich und flachgründig und ähnelt oft dem reinen Grandboden (s. u.). Ein Konglomerat ist auch die im alpinen Tertiär weit verbreitete sog. Nagelfluh, die aus Kalksteinstücken besteht, die durch ein kalkreiches Bindemittel verkittet sind. Zu den Konglomeraten kann man auch den sog. Grand rechnen, doch fehlt ihm jegliches Bindemittel. Steinreiche, nur selten gute Böden sind für ihn kennzeichnend.

Sandsteine. An ihrer Zusammensetzung beteiligt sich am meisten der Quarz, untergeordnet treten auf: Glimmer, Feldspat (oft zu weißem Kaolin verwittert), Glaukonit usw. Das Bindemittel kann kalkig, tonig oder kieselig sein. Die Unterscheidung kann geschehen nach der Zusammensetzung, nach der Art des Bindemittels oder nach ihrem geologischen Alter.

Nach der Zusammensetzung unterscheidet man:

Arkose, aus Körnern von Quarz und Feldspat bestehend; Grünsandsteine mit Glaukonit und tonig-kalkigem Bindemittel; Glimmersandsteine mit Quarz und Glimmer.

Nach dem Bindemittel unterscheidet man:

Tonige Sandsteine, durch Eisen rot oder braun gefärbt, mit tonigem Bindemittel. Sie ergeben einen lehmigen bis sandigen Boden von relativ günstiger Beschaffenheit. Zu ihnen gehört die Hauptmasse des in Deutschland so weit verbreiteten Buntsandsteines. Mergelige Sandsteine, mit kalkigtonigem Bindemittel. Sie liefern einen tiefgründigen fruchtbaren Boden. Kalkige Sandsteine, mit kalkigem Bindemittel, sind wenig verbreitet. Kieselige Sandsteine, mit kieseligem Bindemittel, verwittern schwer und ergeben Sandböden von geringer Fruchtbarkeit. Eisenschüssige Sandsteine, mit einem vorwiegend aus Eisenhydroxyd, seltener aus Eisenoxyd bestehenden Bindemittel; sie verwittern sehr schwer.

Nach dem geologischen Alter unterscheidet man:

Grauwacke, dem Paläozoikum, besonders dem Culm angehörig, ist eine Art Bindeglied zwischen Breccien, Konglomeraten und Sandsteinen und setzt sich aus größeren und kleineren Körnern von Quarz, Kieselschiefer, Tonschiefer und Feldspat zusammen, die durch ein kieseliges oder kieselig-toniges Bindemittel verkittet sind. Ausgesprochene Konglomerate (konglomeratische Grauwacke des Culms) sind nicht selten. Quarzreiche Grauwacken verwittern schwer und ergeben einen sehr geringwertigen Boden. Tonreiche Grauwacken verwittern leichter und ihr Boden ist infolge des Tongehaltes durchweg günstiger.

Buntsandstein ist der charakteristische Sandstein der Triasformation, der in Deutschland große Gebiete einnimmt. Seine vorwiegend rote Farbe rührt vom beigemengten Eisenoxyd oder Eisenhydroxyd her. Buntsandstein ergibt je nach der Natur des Bindemittels Sand- oder Lehmboden, den besten Boden liefert noch der rote Sandstein, während die weiß bis gelb gefärbten Sandsteine einen meist minderwertigen Boden ergeben. Auf allen derartigen Böden bildet sich leicht Rohhumus, ganz besonders auf den Sandsteinen mit großem Tongehalt. Es entstehen dann sog. Molkenböden (z. B, im Solling), eine Art Brücher mit abnormer Nässe Die Rohhumusablagerungen erzeugen Humussäuren, die den unterlagernden roten Sandstein durch Reduktion des in ihm enthaltenen Eisenoxyds bzw. Eisenhydroxyds entfärben. Molkenboden ist somit schließlich nichts anderes als ein entfärbter Buntsandsteinton.

Quadersandstein (z. B. im Elbsandsteingebirge), kennzeichnend für gewisse Stufen der Kreideformation, besteht aus feinkörnigem Quarzsand mit meist kieseligem Bindemittel. Der aus ihm hervorgehende Boden ist sehr wenig fruchtbar.

Quarzite, den verschiedensten geologischen Formationen angehörig, sind dichte oder körnige Quarzgesteine von großer Härte, die schwer verwittern und durchweg nur einen flachgründigen, armen Sandboden ergeben.

Sande sind gewissermaßen Sandsteine ohne verkittendes Bindemittel, also lockere, quarzreiche Massen. Sie gehören mit wenigen Ausnahmen den jüngeren Formationen an; besondere Reinheit erlangen sie in der Tertiärformation als die bekannten Tertiärsande, die vorwiegend aus milchig-weißem Quarz von verschiedener Korngröße bestehen. Sie ergeben einen sehr armen Boden und leiden unter häufiger Rohhumus- und Ortsteinbildung. Etwas günstiger in Bezug auf Bodenbildung ist der sehr feinkörnige, mit Glimmerblättchen durchsetzte, tertiäre Glimmersand.

g) Diluviale und Alluviale Bildungen.

Hierunter verstehen wir Bildungen, die besonders in Deutschland große Gebiete einnehmen und einerseits in der der geologischen Gegenwart voraufgehenden Periode, der Eiszeit oder dem Diluvium, gebildet sind, andererseits noch jetzt in der geologischen Gegenwart, dem Alluvium, gebildet werden.

Die Zeit des Diluviums ist eine Zeit der Temperaturerniedrigung und des Niederschlagreichtums. Die Temperatur war jedoch nicht während der ganzen Zeit konstant tief, sondern relativ kältere Perioden, die sog. Eiszeiten, gekennzeichnet durch weite Vorherrschaft einer mächtigen Eisbedeckung auf den nördlichen Teilen des europäischen Kontinents (in Deutschland bis etwa an die Mittelgebirge) (Tafel 1), wechselten mit wärmeren Perioden, den Zwischeneiszeiten oder Interglazialzeiten, in denen die Eisbedeckung sich durch Abschmelzung nach Norden zurückzog.

Nach den neueren Forschungen haben drei Eiszeiten und zwei Interglazialzeiten existiert. Die Interglazialzeiten hatten Steppenklima und die während dieser Zeit gebildeten Böden tragen typischen Steppencharakter (Löß, Schwarzerde),

Von bodenkundlich ganz besonderer Wichtigkeit ist zunächst das nordische Diluvium, das ein typisches Ablagerungsprodukt der Eiszeit ist und das ganze norddeutsche Flachland bedeckt. Hiergegen sind die diluvialen Ablagerungen der Flüsse sowie die Glazialbildungen unserer Mittelgebirge von untergeordneter Bedeutung. Anders verhält es sich natürlich mit den alpinen Glazialbildungen.

Nordisches Diluvium. In petrographisch-bodenkundlicher Hinsicht sind es vor allem drei Arten von Sedimenten der Eiszeit: Diluvialmergel, Moränen und Diluvialsande. Diluvialmergel sind ungeschichtete Gemenge von fein zerriebenem Gesteinsmehl, Sand und Grand, die in regelloser Verteilung außerdem noch Steine aller Größen und verschiedenster Art enthalten (Granit, Syenit, Diorit, Gabbro, Porphyr, Diabas, Basalt, Gneis, Quarzit, Sandstein, Kalkstein, Feuerstein usw.). Durch die Verwitterung wird zunächst der vorhandene kohlensaure Kalk gelöst und weggeführt oder in tieferen Lagen wieder abgeschieden. Eisenoxydul wird durch Oxydation in Eisenhydroxyd übergeführt und dadurch färbt sich der Boden braun. Die Silikate verwittern zu Ton. So wird aus dem Geschiebemergel durch Verwitterung ein Gemisch von Sand und Ton, das man als Lehm bezeichnet. Der so entstandene Lehmboden ist in Norddeutschland, besonders in den Ostseeprovinzen, die wichtigste Bodenart, die zum weitaus größten Teile der Landwirtschaft dient. Der Wert des Lehmbodens hängt ab von der Mächtigkeit des Mergels und dem Grade seiner Auswaschung.

Moränen. Zu ihnen gehört seiner Entstehung nach auch der Geschiebemergel; er ist die Grundmoräne des vordringenden In-

Abb. 12. Kreuzschichtung in diluvialen Kiesen der Leine südlich von Hannover. Etwas links von der Bildmitte eine Tasche des Ackerbodens in den Kiesen. *J. Hesemann* phot.

landeises. Was man sonst gemeinhin als Moräne bezeichnet, sind die vor dem Inlandeis abgelagerten Stein- und Blockpackungen mit mergeligem Bindemittel. Die in ihnen enthaltenen Steinblöcke erreichen oft eine beträchtliche Größe (Findlinge). Zu diesen Endmoränen gehören auch Grande und Sande. Vor den Endmoränen waren die Schmelzwässer des Eises tätig und setzten hier vielfach kreuzgeschichtete Sande, Kiese und Schotter ab (Fluvioglaziale Bildungen) (Abb. 12). Der aus diesen grobstückigen Moränenbildungen hervorgehende Boden ist durchweg steinreich und von geringer Güte; er ist dort, wo er nicht landwirtschaftlichen Zwecken dient, mit Kiefernwäldern bedeckt.

Abb. 13. Die Verbreitung des Löß auf der Erde. Nach *K. Keilhack*.

Diluvialsande. Vor allem bemerkenswert sind die Quarz-, Feldspat- und andere Mineral- und Gesteinsbruchstücke führenden Spatsande, die einen mäßigen Gehalt an kohlensaurem Kalk haben. Letzterer wird bei der Verwitterung zunächst ausgelaugt, die verwitternden Silikate ändern die Bodenfarbe von schwach gelb-

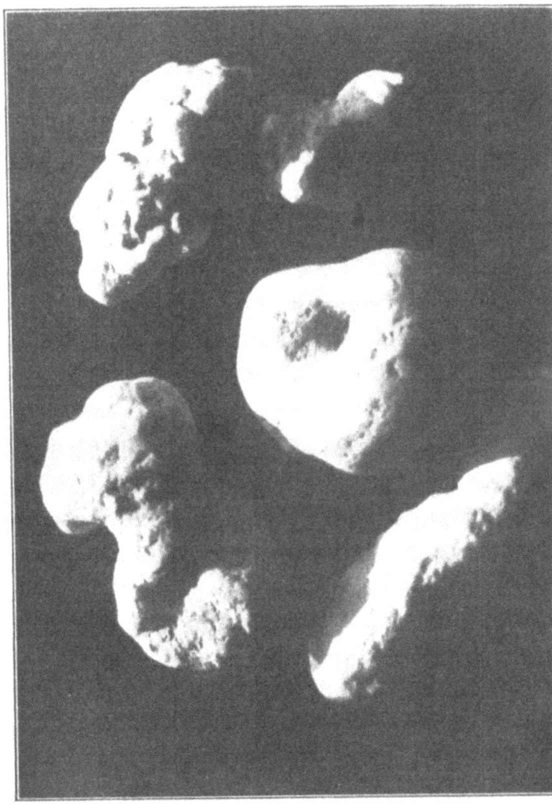

Abb. 14. Verschiedene Formen von Lößkindln. Original im Mineralog.-Geolog. Institut der Techn. Hochschule Hannover. *G. Frebold* phot.

lich nach gelbbräunlich bis rötlich. Rohhumusbildungen sind weit verbreitet, doch sind Ortsteinbildungen sehr selten. Im Gegensatz zu diesen noch einigermaßen günstigen Böden der Spatsande stehen die durchweg geringwertigen Böden der übrigen Diluvialsande, von denen vor allem die Blachfeldsande Schleswig-Holsteins sowie die Heidesande des nordwestdeutschen Heidegebietes zu nennen sind.

Zu den diluvialen Bildungen ist auch der Löß zu rechnen (Abb. 13), der im wesentlichen aus äußerst feinem Quarzstaub mit geringem tonigen Bindemittel besteht. Sehr feine Kalkteilchen sind im Löß oft reichlich vorhanden. Werden diese in den oberen Schichten ausgelaugt, so werden sie in tieferen Schichten in Gestalt von Konkretionen wieder abgesetzt, die oft merkwürdige Formen (Lößkindl, Lößpuppen) annehmen (Abb. 14). Wird Löß entkalkt, so entsteht Lößlehm.

Mergelsande sind sehr feinkörnige Sande, die aus fein zerriebenem Gesteinsmehl mit wechselndem Kalkgehalt bestehen. Ihr Aussehen kann dem des Lösses oder des Lehmes ähneln. Bei genügender Düngung und Bearbeitung können sie einen ganz guten Ackerboden liefern. Hierher gehören der Flottlehm der Lüneburger Heide und der Heidelehm Schleswig-Holsteins.

Ablagerungen spätdiluvialer Flüsse sind vor allem die Talsande und Talgeschiebesande der großen, meist ostwestlich gerichteten Urstromtäler, die einen meist sehr geringwertigen Boden ergeben.

Diluviale Bildungen in den Gebirgen sind, soweit es sich um die deutschen Mittelgebirge handelt, nur in sehr geringem Ausmaß vorhanden; ihre Hauptmasse besteht aus Schottern, in denen gröberes und feineres Material wechselt. Von größerer Bedeutung sind die namentlich in Oberbayern in größerer Ausdehnung vorkommenden Produkte der alpinen Vereisung, die ja im Diluvium einen weit größeren Bezirk, besonders nach Norden zu, ergriff als heute. Die ganze von der Donau bis zum Alpenrand sich erstreckende Hochebene ist im Grunde nichts anderes als das Erzeugnis jener alpinen Schmelzwässer, die die Schuttmassen hier in erheblicher Mächtigkeit ablagerten. Der Charakter dieser Schuttmassen gleicht dem des nordischen Diluviums sehr; auch hier finden sich Block- und Geschiebelehme, Schotter, Kiese, Grande und Sande, die einen dem nordwestdeutschen Diluvium sehr ähnlichen Boden und damit eine ähnliche Landschaft (Moor und Heide) ergeben.

Alluviale Bildungen sind solche, die in der geologischen Gegenwart gebildet werden. Hierher gehören einmal die humosen Bodenarten (Moor, Torf usw.), ferner die durch die Tätigkeit des Windes erzeugten Ablagerungen (Flugsand, Dünen) und schließlich die Ablagerungen des Meeres und der Flüsse (Flußsande und -schotter, Aueton, Meeres- und Flußschlick).

Die humosen Bodenarten seien hier übergangen, da sie in einem anderen Zusammenhange später näher besprochen werden. Die äolischen Bildungen umfassen die Flugsande, lockere, durch Wind leicht bewegliche Sande, die sich in größerer Ausdehnung in humiden Gebieten finden und die aus den Flugsanden zusammengewehten Dünen. Diese haben die Gestalt kleiner Höhenzüge von langgestreckter (Flußdünen) bis bogenförmiger Form (Bogendünen in pflanzenarmen Steppengebieten). Auf das Zusammenwirken von Meeresbewegung und Windtätigkeeit ist die Entstehung der Meeresdünen zurückzuführen: Meereswellen werfen fortgesetzt Sand ans Ufer, den der herrschende Wind landeinwärts treibt und zu Dünen aufhäuft. Wenn diese sich nicht schnell mit einer Pflanzendecke überziehen, so gehen sie in Wanderdünen über, die durch den vorherrschenden Wind unter ständiger Umlagerung immer weiter ins Land getrieben werden. Im Laufe der Zeit begraben sie alle ihnen entgegenstehenden Hindernisse, selbst Wälder, und verschlechtern fruchtbares Land durch reichliche Sandüberwehung. Infolge der großen Armut an Pflanzennährstoffen kommen Flugsandablagerungen, also auch Dünen, für die Bodenbewirtschaftung nicht in Frage. Zu den fruchtbarsten Böden überhaupt gehören die Marschböden, die Gemische von Mineralteilen, Flußtrübe und abgestorbenen Resten von Meeresorganismen darstellen. Sie gehen unmittelbar aus Meeres- oder Flußschlick hervor und finden sich in größerer oder geringerer Breite am Meeresufer und in den Talniederungen der Flüsse. Was man als Geest bezeichnet, ist eine zusammenfassende Bezeichnung für diejenigen diluvialen Bodenbildungen, die höher (außerhalb des höchsten Flußspiegels) als die Marschen liegen und geringere Fruchtbarkeit aufweisen als die Marschen.

Typische Flußablagerungen sind 1. die Flußgrande, die aus gerundeten Geschieben von wechselnder Größe bestehen und infolge des meist niedrigen Grundwasserstandes einen etwas besseren Boden als die sonstigen Grandböden abgeben. 2. Die fein- bis mittelkörnigen Flußsande, die von langsam fließenden Gewässern abgesetzt werden und meist reichlich humose Beimengungen (5—15 %) enthalten. Sie ergeben einen ziemlich günstigen Boden. 3. Der Aueton, der von sehr langsam fließenden Gewässern zusammengeschwemmt ist. Er ist meist ein fester, zäher Ton mit allen ungünstigen Eigenschaften eines reinen Tonbodens. Dazu kommt der Überfluß an Wasser, der durch die meist in der Höhe des Wasserspiegels liegende Lage bedingt ist. Aueton gehört daher zu den alluvialen Bildungen, die für die Vegetation am ungünstigsten sind.

Als Überblick über das bisher Gesagte sei hier kurz die Fruchtbarkeit der einzelnen Gesteinsböden zusammengestellt:

1. Sehr kräftigen Boden ergeben:
   Die basischen Eruptivgesteine: Basalt, Diabas, Melaphyr und deren Tuffe; Porphyrite und Porphyrtuffe; Kalkgesteine mit reichlichem Tongehalt; leicht zersetzbare Tonschiefer; Aue- und Marschböden.
2. Kräftigen Boden ergeben:
   Die leicht verwitternden Arten von Granit, Gneis, Syenit; an Bindemitteln reiche, nicht quarzitische Sandsteine (einige Grauwackenarten; Lias- und Keupersandsteine, Buntsandstein).
3. Mäßig kräftigen Boden ergeben:
   Mittelschwer verwitternde Granite und Gneise, Magnesiaglimmerschiefer; an Bindemitteln ärmere, nicht quarzitische Sandsteine (die meisten Sandsteine und Grauwacken); schwer verwitternde Tonschiefer.
4. Schwachen Boden ergeben:
   Sämtliche schwer verwitternden Silikatgesteine: Quarzporphyr, einige Arten von Gneis und Granit; Kaliglimmerschiefer; Sandsteine mit quarzitischem Bindemittel; Sande, besonders Diluvialsand; viele Konglomerate: Rotliegendes, Grauwacken.
5. Magere (arme) Böden ergeben:
   Sehr schwer verwitternde Gesteine, wie einige Quarzporphyre, Grauwacken; an Bindemitteln arme oder stark quarzitische Sandsteine: manche Grauwacken, Quadersandsteine; Quarzit; Heide- und Flugsande, Dünensande, tertiäre Sande; Geschiebe- und Geröllablagerungen, kalkarme Tongesteine: zähe Tone und Letten.

C. Der Verwitterungsprozeß.

I. Vorbemerkungen.

Als Verwitterung bezeichnen wir eine Reihe von Umwandlungsprozessen der Gesteine, die bedingt sein können durch mechanischen Zerfall (physikalische Verwitterung), durch chemische Zersetzung (chemische Verwitterung) und durch die Tätigkeit der Organismen. Alle drei wirken stets zusammen, doch vielfach so, daß die eine oder andere Art der Umwandlung in bestimmten Gebieten größere Bedeutung erlangt, z. B die mechanische Verwitterung in Gestalt der sprengenden Tätigkeit des Eises in kälteren Gegenden, in Gestalt der Wärmeausdehnung der Gesteine in warmen oder heißen Gebieten, besonders in Wüsten. Der Verwitterungsprozeß als Ganzes wird stark beeinflußt von der Korngröße, dem Gefüge und der Oberflächenbeschaffenheit der Gesteine. Daraus ergeben sich folgende allgemeine Regeln:

1. Einfache Gesteine verwittern meist schwerer als zusammengesetzte (z. B. Quarzite schwerer als Granite).

2. Gleiche Bedingungen vorausgesetzt, verwittern grobkörnige Gesteine leichter als feinkörnige und diese leichter als dichte (z. B. Granit, Diabas, Basalt).

3. Herrschen bestimmte Richtungen in der Anordnung der gesteinsbildenden Mineralien vor, so folgt die Verwitterung meist diesen Richtungen (z. B. kristalline Schiefer, Gneis, Glimmerschiefer usw.).

4. Gesteine, die durch Gebirgsdruck stark zermalmt sind (Dynamometamorphose), verwittern leichter als unbeeinflußte (Granitmylonite leichter als Granit selbst [1])).

5. Spaltenreiche Gesteine verwittern schneller als solche mit relativ wenigen Spalten (z. B. manche klüftigen Sandsteine schneller als viele, vor allem massige Basalte).

6. Gesteine mit rauher Oberfläche gestatten dem Wasser leichter Zutritt als solche mit relativ glatter Oberfläche, erstere verwittern daher leichter (z. B. Sandstein leichter als Basalt). Durch Polieren der Gesteine wird ihre Widerstandsfähigkeit erhöht (Politur der vielfach an den Geschäftshäusern der Städte an der Außenwand angebrachten Platten von Granit, Diabas, „Norwegischem Labrador“

---

[1]) Mylonite sind ganz allgemein durch gebirgsbildende Vorgänge stark zerriebene und zermalmte, teilweise wieder verkittete Gesteine.

usw.). Natürlich polierte Gesteine sind im Großen die durch das Eis der Diluvialzeit abgeschliffenen „Rundhöcker", im Kleinen manche Harnischbildungen an Verwerfungen.

II. Physikalische Verwitterung, Gesteinszerfall.

Gesteinszerfall wird hervorgerufen 1. durch Volumänderungen infolge wechselnder Temperatur (Temperaturwirkungen), 2. durch die sprengende Kraft des Eises und 3. durch die Wirkung mechanischen Druckes.

a) Temperaturwirkungen.

Jeder Körper dehnt sich bei zunehmender Temperatur aus und zieht sich mit abnehmender Temperatur zusammen. Eine Hauptrolle spielt zunächst die Temperaturerhöhung. Ihre Wirkung tritt am augenfälligsten in ariden Gebieten in Erscheinung, dann aber auch im Hochgebirge. Hier erreichen die Temperaturunterschiede wohl ihre größten Wirkungen dadurch, daß die Gesteine sich nachts sehr stark abkühlen, häufig bis unter den Gefrierpunkt, am Tage sich aber beträchtlich erwärmen. Zu der Zersprengung der Gesteine durch Temperaturerhöhung kommt also diejenige durch den Frost. Hohe Temperaturunterschiede treten nur an der Oberfläche der Gesteine auf, infolgedessen springen kleinere Bruchstücke leichter ab. Eine größere Tiefenwirkung des Zerfallsvorganges wird erst durch mehrfache Wiederholung der Wärmesprengung (meist in Verbindung mit Sprengung durch Frost) erreicht.

Nicht so bedeutend als die Ausdehnung des Gesteins als Ganzes, aber immerhin bemerkenswert ist die verschiedene Ausdehnung der gesteinsbildenden Mineralien, die namentlich dann besonders wirksam ist, wenn die verschiedenen Mineralien eckig und zackig ineinander greifen. Es entstehen Spannungen, durch die z. B. die Granite der Wüsten in groben Sand zerfallen.

b) Frostwirkungen.

Wasser hat bei 4 Grad C. seine größte Dichte. Oberhalb und unterhalb dieser Temperatur dehnt es sich aus. Durch den Übergang des Wassers in Eis nimmt das Volumen um 9 % zu (1 Vol.

ergibt 1,09082 Vol. Eis von 0 Grad). Befindet sich also Wasser beim Gefrieren in engen Räumen, wie es die Gesteinsporen, -risse und -klüfte sind, dann treten Druckwirkungen auf, die ganz erheblich sein können. Diese Erscheinungen des sog. Spaltenfrostes sind da am stärksten, wo die Temperatur in der Nähe des Nullpunktes schwankt, Auftauen nud Gefrieren also häufig wechseln (Polar-

Abb. 15. Gletschermühlen im alpinen Jurakalk nördlich von Torbole am Gardasee. Im Innern der Töpfe Rollsteine. *J. Hesemann* phot.

gebiete, Hochgebirge). Namentlich in Polargebieten, wo ganze Felsen durch Frost zersprengt werden, überwiegt die Verwitterung druch Spaltenfrost bei weitem.

c) Druckwirkungen.

Sobald Druck irgendwelcher Art (meist durch Gebirgsbewegungen) die innere Festigkeit eines Gesteins übersteigt, wird dieses zerdrückt, zermalmt oder zerrieben. Bodenkundlich wichtig sind die Druckwirkungen an der Erdoberfläche. Flußgerölle reiben sich infolge der Bewegung durch das fließende Wasser, runden sich ab und erzeugen fortgesetzt feinen Gesteinsschlamm. Die Gerölle werden rund und stets kleiner und die Folge ist, daß sich im Unterlauf der

Flüsse, abgesehen von außerordentlich harten Geröllen, nur noch Schlamm findet. Die Größe der Gerölle eines Wasserlaufes nimmt also von der Quelle bis zur Mündung kontinuierlich ab.

Häufig werden Gesteine durch fallendes Wasser in Drehung versetzt. Dadurch bohren sie sich mit der Zeit tief in das feste Ge-

Abb. 16. Die Zackelklamm bei Josephinenhütte im Riesengebirge. Beispiel für eine Klamm. *G. Frebold* phot.

stein ein und erzeugen Strudellöcher (Abb. 15). Die Schmelzwässer haben auf diese Weise Riesenkessel oder Gletschertöpfe geschaffen. Die schleifende Wirkung der Flußgerölle führt zur Bildung von tiefen Einschnitten (Abb. 16) (Klamm in den Alpen, Partnachklamm bei Garmisch-Partenkirchen, Aareschlucht in der Schweiz; großartigstes Gebilde dieser Art der Grand Canon des

Coloradoflusses in Nordamerika). Auf Wirkungen des Druckes sind auch die Produkte der Gletschertätigkeit in Gestalt der Moränenbildungen zurückzuführen.

Durch Wind bewegter Sand wirkt auf das ihm entgegenstehende Gestein als eine Art natürliches Sandstrahlgebläse. Derartige Erscheinungen sind am großartigsten in Wüstengegenden.

Abb. 17. Dreikanter oder Windkanter. Original im Mineralog.-Geolog. Institut der Techn. Hochschule Hannover. *G. Frebold* phot.

In unseren Gegenden sind durch Sand abgeschliffen die im nordischen Diluvium nicht seltenen Kantengeschiebe oder Dreikanter (Abb. 17).

III. Chemische Verwitterung, Gesteinszersetzung.

Die chemische Verwitterung wird einmal durch die lösende Wirkung des Wassers, zum andern durch die bei der Gesteinsverwitterung am häufigsten anwesenden Stoffe, Sauerstoff, Kohlensäure, Humussäuren und Salze (besonders Chloride und Nitrate (vgl. S. 23)) bewirkt. Temperatureinflüsse und dergleichen spielen dabei eine wichtige Rolle.

a) Das Wasser als Lösungsmittel.

Viele Stoffe, die für unsere menschlichen Maße in Wasser unlöslich erscheinen, sind es für die mit gewaltigen Zeiträumen arbeitende Natur nicht, auch selbst dann kaum, wenn chemisch reines

Wasser vorhanden wäre. Aber in der Natur wirkt nie reines Wasser, natürliches Wasser hat stets wechselnde Mengen von Salzen, Kohlensäure, Humussäuren usw. gelöst. Die Folge sind chemische Umsetzungen in den von natürlichen Wässern durchsickerten Gesteinen. Kohlensäurehaltiges Wasser löst die meisten Mineralien stärker, es nimmt Ca-, Mg-, Fe- und Mn-Karbonate auf.

Leicht löslich sind: $MgSO_4$, NaCl, Carnallit KCL.$MgCl_2$.6 H_2O, Kainit $MgSO_4$.KCl.3 H_2O, Sylvin KCl.

Relativ schwer löslich ist: Gips $CaSO_4$.2 H_2O (1 Teil Gips löslich in 380—400 Teilen Wasser).

Sehr schwer löslich ist: Calciumkarbonat $CaCO_3$ (1 Teil $CaCO_3$ in 10 800 Teilen reinem Wasser).

b) Temperatureinflüsse.

Die chemische Verwitterung ruht fast ganz in der Nähe des Gefrierpunktes des Wassers, mit steigender Temperatur nimmt sie zu. Die Ionen der im Wasser gelösten Stoffe üben vornehmlich die chemischen Wirkungen aus. Je verdünnter die Lösung, desto größer ist die spaltende Wirkung des Wassers. Mit zunehmender Temperatur schreitet die Spaltung der Ionen fort und hierauf beruht es, daß chemische Reaktionen desto schneller vor sich gehen, je höher die Temperatur ist. In der Natur wirken meist nur sehr verdünnte, also stark dissoziierte Lösungen.

c) Verwitterung durch Wasser und säurehaltige Wässer.

Die meisten Gesteine sind aus Silikaten zusammengesetzt, die durch die natürlichen Wässer nur so zersetzt werden können, daß die entstehenden löslichen Verbindungen der Alkalien, des Kalkes, z. T. der Magnesia und des Eisenoxyduls fortgeführt werden und ein wasserhaltiges Silikat (meist Zeolithe) übrig bleibt.

Unlösliche Produkte einer derartigen Verwitterung durch Wasser sind: 1. Wasserhaltige Tonerdesilikate, die sich aus tonerdehaltigen Mineralien (Feldspäten) bilden; 2. Wasserhaltige Magnesiasilikate, hervorgegangen aus magnesiahaltigen Mineralien; 3. Eisenoxydsilikate, Eisenoxyd und Eisenhydroxyde, entstanden aus Fe-haltigen Gesteinen; 4. Quarz, der kaum angegriffen wird.

Lösliche Produkte der Verwitterung durch Kohlensäure sind: 1. Wasserhaltige K- und Na-silikate; 2. Karbonate der Alkalien, des Calciums, der Magnesia, des Eisenoxyduls; 3. Kieselsäurehydrat.

Humussäure löst außerdem noch: Eisenoxyd und seine Verbindungen sowie Phosphate.

Wichtig ist, daß Eisenoxyd durch CO_2-haltiges Wasser nicht gelöst wird. Daher sind eisenhaltige Tone die normalen Produkte der Verwitterung durch Kohlensäure in niederschlagsreicheren Gebieten.

Hinsichtlich der Zersetzbarkeit einiger Silikate durch kohlensäurehaltiges Wasser kann man folgende abnehmende Reihe aufstellen: Labrador, Oligoklas, Orthoklas, Kaliglimmer, Olivin, Augit, Hornblende, Magnesiaglimmer.

d) Verwitterung durch Humusstoffe.

Die Vorgänge der Verwitterung durch Humusstoffe sind bei weitem noch nicht eindeutig geklärt. Humusstoffe sind Kolloidkomplexe von offenbar sehr verschiedener Zusammensetzung, die in vielen Böden in großen Mengen auftreten und die die Fähigkeit haben, Kohlensäure aus ihren Verbindungen auszutreiben und unter Umständen auch stärkere Säuren frei zu machen.

Humusstoffe zersetzen besonders leicht Eisenverbindungen, die dabei entstehenden Salze sind z. T. in Wasser löslich, z. T. werden sie durch Alkalien, besonders Ammoniak, zersetzt. Humusstoffe lösen jedoch auch andere, meist schwer angreifbare Stoffe, so die Verbindungen der Phosphorsäure.

Wie sich Humusstoffe und Kieselsäure in ihrer Wirkung aufeinander verhalten, ist z. T. noch recht problematisch. Bemerkenswert ist, daß die aus Torfmooren kommenden Wässer viel lösliche Kieselsäure enthalten. Ebenso haben einen hohen Kieselsäuregehalt solche Gewässer, die aus kieselsäurereichen Gesteinen in Gebieten der Humusstoffverwitterung entspringen. Humusstoffe entfärben die in der Tiefe liegenden Gesteine (vgl. Molkenboden S. 39); am deutlichsten tritt das in Mooren und Heiden in Erscheinung: weit verbreitet sind hier ausgebleichte schneeweiße Geschiebe.

e) Auswaschung des Bodens.

Wasser wird dem Boden ständig in Gestalt der Niederschläge zugeführt, es ist also im Boden fortgesetzt wirksam. Die Vorgänge, die sich dabei im Boden abspielen, hängen ab von der Menge des Sickerwassers und dem Verhältnis, in dem Verdunstung und Niederschläge zueinander stehen. Die Verwitterungsprodukte sammeln sich im Boden an, wenn Niederschläge und Verdunstung sich etwa das Gleichgewicht halten oder die Verdunstung vorherrscht. Wenn die Niederschläge die Verdunstung überwiegen, dann werden die löslichen Stoffe durch die Sickerwässer fortgeführt, der Boden wird ausgewaschen. Im ersten Falle verwittern die Gesteine langsam und ergeben feinsandige Böden, im zweiten Falle entstehen tonreiche Böden.

Wir machen uns den Vorgang der Auswaschung am besten am Beispiel der Sandböden klar.

Das Wasser der Niederschläge ist fast rein und nur schwach kohlensäurehaltig. In den oberen Bodenlagen nimmt es schnell Salze auf und ist bald gesättigt. Die tieferen Bodenschichten kommen bereits mit mehr oder weniger gesättigten Salzlösungen in Berührung und je tiefer diese Lösungen dringen, desto geringer wird die Fähigkeit, noch Stoffe aufzunehmen.

Der Boden wird also in verschiedener Tiefe nicht gleichmäßig ausgewaschen, vielmehr schreitet die Auswaschung von der Oberfläche nach der Tiefe fort. Das ist der Grund dafür, daß reiche Böden häufig von völlig verwitterten und erschöpften (infolge der Auswaschung der löslichen Salze) Schichten überdeckt werden und sich zwischen beiden vielfach eine scharfe Grenze feststellen läßt. Bei diesen Vorgängen werden die Krümel in salzarmen Schichten zerstört und die Humusstoffe quellen auf. Dadurch wird der Boden in ungünstiger Weise verändert.

Die Auswaschung des Bodens hängt natürlich auch von der Löslichkeit der im Boden enthaltenen Salze ab. Die Löslichkeit der hauptsächlichsten Salze nimmt etwa in folgender Reihe ab: Chloride, Nitrate, Sulfate, Karbonate des Ca und Mg, Phosphate.

f) Produkte der verwitternden Gesteine.

Bei der Verwitterung der Gesteine bilden sich salzhaltige Lösungen der leichter angreifbaren Stoffe. Derartige Lösungen können die in ihnen enthaltenen Stoffe auf irgendeine Weise wieder absetzen, entweder durch Kristallisation oder Ausfällung (Ausscheidung im feinpulvrigen Zustande). Wir werden also in Bezug auf die Gestalt zunächst Kristalle und pulvrige Massen finden. Hinzu kommen als besondere Formen dieser Gestalten vor allem der Kristalle, die meist rundlichen Konkretionen, bei denen die inneren Teile zuerst gebildet wurden, und die Sekretionen, bei denen die Aussenschicht zuerst gebildet wurde wie z. B. bei den Achatmandeln.

Wir wollen uns kurz einen Überblick über die für die Bodenbildung wichtigsten Absätze, Karbonate, Silikate, Sulfate, Phosphate, Humate, Oxyde und Hydroxyde verschaffen (vgl. auch dazu S. 9—26).

1. **Karbonatabscheidungen.** Hierher gehören zunächst der aus heißen Quellen abgesetzte Kalksinter (so ist z. B. der Karls-

Abb. 18. Kalktuffbildung: von Kalkkarbonat überkrustete Pflanzenstengel. Original im Mineralog.-Geolog. Institut der Techn. Hochschule Hannover. *G. Frebold* phot.

bader Sprudelstein entstanden) und vor allem die Kalktuffbildungen, die chemische Ausscheidungen von Kalkkarbonat darstellen und meist als Inkrustationen von Stengeln und Blättern höherer Pflanzen (Gräser, Moose und Algen) erscheinen (Abb. 18, 19). „Kalksammler" sind dabei vor allem Algen und Moose, einzelne Arten von ihnen scheinen geradezu eine besondere Fähigkeit zu besitzen, Kalk abzuscheiden. Zu den Karbonaten gehören auch die feinkörnigen, kreideähnlichen Abscheidungen von Kalkkarbonat am Grunde der Seen, die man als Seekreide bezeichnet. Wiesenkalke stellen weiche Massen von Kalkkarbonat dar, die in Flachmooren nesterweise oder in geschlossenen Schichten vorkommen.

Moormergel sind Moorböden mit gleichmäßig verteiltem kohlensauren Kalk. Besonders merkwürdig hinsichtlich der Gestalt sind die Lößkindl oder Lößpuppen. Es sind das Konkretionen von Kalkkarbonat, die im Löß sehr verbreitet sind (vgl. S. 44). Diese

Abb. 19. Sande und Kiese des Diluviums aus der Umgegend von Hildesheim, durch das kalkhaltige Wasser einer nahen Quelle zu einem konglomeratischen Kalksandstein verfestigt (der vorspringende Block in der Bildmitte). *G. Frebold* phot.

gestaltlich stark wechselnden Konkretionen erinnern gelegentlich an menschliche Gestalten.

2. **Kieselsäure und Silikate.** Hierher gehört zunächst der Kieselsinter, der aus SiO_2-haltigen heißen Quellen durch Verdunsten des Wassers und unter Mitwirkung von Organismen (Algen) entstanden ist. Zum überwiegenden Teile aus den Opalpanzern mikroskopisch kleiner Diatomeen bestehen Kieselgur und Polier-

schiefer (= Kieselgur mit deutlicher dünner Schieferung). Ein bekanntes Vorkommen von Kieselgur ist dasjenige der Gegend von Unterlüß in der Lüneburger Heide.

3. **Sulfate und Sulfide.** Von ersteren ist besonders wichtig der Gips, $CaSO_4 . 2 H_2O$, der zu den häufigsten Ausscheidungen auf Ton usw. gehört. Zu den wichtigsten Sulfiden gehört der Schwefelkies, FeS_2, der eine in Gesteinen sehr verbreitete Ausscheidung ist. Näheres über diese Sulfate und Sulfide siehe S. 19—22.

4. **Phosphate.** Von diesen ist das Kalkphosphat, der Phosphorit, eine Art Konkretion, die zum größten Teile am Meeresboden gebildet wird. Bodenkundlich wichtiger ist Vivianit oder Blaueisenerz (vgl. S. 19), ein neutrales Orthophosphat, das sich häufig in Mooren und vor allem im Geschiebemergel findet.

5. **Oxyde und Hydroxyde.** Wichtig sind hier besonders die Eisenoxyde, die recht verbreitet sind und meist die braune und rote Farbe des Bodens bedingen. Zu ihnen gehört der Eisenocker oder kurzweg Ocker, sowie weiterhin Raseneisenstein, Sumpferz, Wiesenerz und Limonit (Näheres vgl. S. 20). Es sei hier noch bemerkt, daß sich Raseneisensteine besonders unter der Mitwirkung der sog. Eisenbakterien bilden. Diese Eisenbakterien zersetzen bei ihrem Lebensprozeß Eisensalze und scheiden Eisenhydroxyd ab.

IV. Verwitterung durch Organismen.

Zu Gesteinszerfall und Gesteinszersetzung gesellt sich als dritte Art der Verwitterung diejenige der Tätigkeit der Organismen. Diese können entweder Pflanzen oder Tiere sein. Dementsprechend sei zunächst Einiges über die Tätigkeit dieser Organismen angemerkt.

Noch wenig erforscht, aber immerhin von einiger Bedeutung ist wohl die Tätigkeit der Bakterien, die infolge ihrer geringen Größe in die feinsten Gesteins- und Erdspalten eindringen können. Eine Hauptrolle spielt dabei die besondere chemische Umwandlungsfähigkeit einer Reihe von Bakterienarten (Schwefelbakterien, Eisenbakterien, Nitrit- und Nitratbakterien usw.; Näheres s. S. 67 f.).

Besser bekannt, wie leicht erklärlich, ist der Einfluß der Flechten auf das Gestein. Sie sind überall an Felsen, besonders an natürlichen

Gesteinen, weniger an Ziegelsteinen und dergl. die ersten pflanzlichen Bewohner. Sie fressen gewissermaßen das Gestein an (wie man durch Abschaben der Flechten am Gestein leicht beobachten kann) und dringen auch mit ihren Hyphen tiefer in die stets vorhandenen feinen Gesteinsporen ein. Die Tätigkeit der Algen spielt vor allem am Meeresstrande und im Süßwasser eine Rolle. Moose führen das

Abb. 20. Das Geöffnete Grab auf dem Friedhof der Gartenkirche in Hannover. Beispiel für die mechanische Kraft der Pflanzenwurzeln. Die Wurzeln einer jetzt abgestorbenen, von Epheu umrankten Birke haben den etliche Zentner schweren Sandsteinblock auf der einen Seite (etwa Bildmitte unten) um mehr als 10 cm gehoben und die Grabeinfassung gelockert (ganz rechts). *G. Frebold* phot.

Werk der Flechten auf Gesteinen weiter und ermöglichen so allmählich höheren Pflanzen, daß diese ihre Wurzeln tief in die Gesteinsspalten senken. Das Wachstum der Wurzeln kann ganz erhebliche Kraftgrößen erreichen (Abb. 20). Pflanzenwurzeln enthalten säurehaltige Säfte, die auch noch chemisch auf das Gestein einwirken. Diese chemische Wirkung macht sich anfangs als eine Art Anätzung des Gesteins bemerkbar.

Was die Bedeutung der Tierwelt für die Verwitterung anlangt, so ist sie zweifellos nicht zu unterschätzen. Ameisen haben bekanntlich stark saure Ausscheidungen, die die Verwitterung begünstigen. Darwin macht mit Recht die Regenwürmer[1]) für günstige Eigenschaften des Bodens verantwortlich. Diese wirken ja nicht nur durch ihre grabende Tätigkeit, sondern auch dadurch, daß sie mit ihrer Nahrung große Mengen von mineralischen Bodenbestandteilen aufnehmen und sie mit ihren Ausscheidungen in ausgezeichneter Krümelform zurücklassen. Maulwürfe sorgen für gute Durchlüftung, und Wildschweine machen sich im Forst durch Lockern der Streuschichten oft sehr nützlich, beeinflußen also den Verwitterungsprozeß in fördernder Weise.

V. Transport der Verwitterungsprodukte.

a) Vorbemerkungen.

Die mechanischen Endprodukte des Verwitterungsprozesses sind lose, lockere Massen, die naturgemäß eine leichte Bewegungsmöglichkeit haben und aus diesem Grunde auch leicht mehr oder weniger weit transportiert werden können. Die Bewegung erzeugenden Kräfte können verschiedener Art sein. Einmal kann die Wirkung der Schwerkraft bei weitem vorherrschen, dann spricht man von trockener Abtragung; dann kann auch das Wasser die treibende Kraft sein, man spricht dann von Erosion. Auch das Eis, vornehmlich in Gestalt der Gletscher ist eine sehr bedeutsame Transportkraft. Und endlich vermag die Kraft des wehenden Windes unter Umständen ganz enorme Mengen von losen, meist sandigen Massen oft auf sehr weite Erstreckung zu transportieren.

Die durch die Verwitterung entstehenden Produkte verbleiben in ebenen oder schwach geneigten Lagen am Orte ihrer Entstehung; man bezeichnet sie als Verwitterungsböden. Im Gegensatz dazu stehen die durch Wasser und Eis forttransportierten und umgelagerten Verwitterungsprodukte, die Schwemmlandsböden heißen.

b) Trockene Abtragung.

Diese findet vor allem statt an den Hängen der Berge, vornehmlich dort, wo Pflanzenwuchs fehlt und das kahle Gestein unmittelbar ansteht, also besonders in Hochgebirgen. Frost und Wärme zer-

[1]) Darwin, Bildung der Ackererde. 1882.

sprengen hier mit vereinten Kräften das Gestein, größere und kleinere Blöcke und Bruchstücke fallen hinab ins Tal und sammeln sich hier in großen Mengen an, entweder als Schuttkegel, die sich an der Öffnung eines schmalen Bergeinschnittes oder einer Schlucht als verbreiterte kegelförmige Massen an den Hang anlehnen (Abb. 21), oder als Schutthalden, die sich am Fuße einer längeren Berg- oder Felswand gleichmäßig hinziehen, Gehängeschutt (Abb. 22)

Abb. 21. Schneebedeckte Schuttkegel am Westhang der Sellagruppe, gesehen vom Langkofeljoch (2850 m). *J. Hesemann* phot.

selbst gelangt meist nicht (wohl infolge geringerer Neigung) bis ins Tal hinab, sondern bleibt an den Hängen infolge irgendwelcher Hindernisse liegen. Der Boden an Hängen ist stets in — wenn auch langsamer — Bewegung. Ist dabei der Winkel zwischen Schichtung des Gesteins und Hang groß, dann werden die Enden der Gesteinsschichten oder Schichtenköpfe nicht nur, was ja selbstverständlich ist, in einzelne Bruchstücke verwittern, sondern die Schichtenköpfe werden auch infolge des langsamen Gleitens der oberen Bodenschichten hangabwärts gebogen. Man bezeichnet das als Hakenwerfen der Schichten (Abb. 23).

c) Abtragung durch Wasser, Erosion.

Der Transport durch Wasser kann verschiedenen Charakter annehmen. Ist z. B. der Abfluß des Wassers stark geneigt, dann findet Massentransport von Geschieben statt. Das Wasser wirkt dabei sowohl durch seine lebendige Kraft, also seinen Stoß, als mehr noch durch seine reibungvermindernde Eigenschaft. Sehr schön kann man das an den sog. Wildbächen beobachten (Abb. 24). Der Gesteinstransport der Wildbäche ist naturgemäß in kahlen felsigen

Abb. 22. Gesteinsschuttbildungen am Nordhang der Schneekoppe im Riesengebirge. Im Vordergrunde und zum Teil auch auf dem Hang Krummholzkiefern (Pinus montana Miller). *G. Frebold* phot.

Gebieten am größten, da hier meist eine nennenswerte Pflanzendecke fehlt, die diesem Abtransport hinderlich ist. Waldbedeckung bindet die Bodenteile und verlangsamt dadurch den Wasserabfluß, hat also eine ganz erhebliche Wirkung gegen eintretende Wasserschäden.

Durch Abspülung werden an Hängen oft große Mengen kleiner Bodenteile fortbewegt und größere unterspült. Man kann das nach fast allen stärkeren Niederschlägen an nackten und landwirtschaftlich benutzten Hängen beobachten, und hier kann die Abspülung oft großen Sachschaden anrichten.

d) Tätigkeit des Gletschereises.

Abtragung und Transport der Verwitterungsprodukte durch das Gletschereis sind insofern besonders wichtig, als der allergrößte Teil des Bodens unseres norddeutschen Tieflandes seine Entstehung dieser Transportart verdankt und hier zu einem mannigfachen Wechsel der Bodenbeschaffenheit Veranlassung gegeben hat. Dem-

Abb. 23. Hakenwerfen steilstehender Schichten des Oberen Muschelkalkes; Giesener Berge bei Hildesheim. *J. Hesemann* phot.

gegenüber tritt der Transport von Verwitterungsschutt durch schwimmendes Eis ganz zurück.

Gletschereis ist entstanden aus Schneemassen, die in kalten Gebieten der Erde niedergehen und unter dem Einfluß des Temperaturwechsels, durch Anschmelzen und Wiedergefrieren, sich körnig umbilden. Vom petrographischen Standpunkt aus gesehen, ist Gletschereis also ein körniges Gestein aus Eiskristallen. Eis ist eine dickflüssige Masse, die unter dem Einfluß von Druck und auch der eigenen Schwere ins — freilich sehr langsame — Fließen kommen kann. Unter dem Einfluß von Zug zerreißt es, wie die Gletscherspalten auf jedem Gletscher höchst anschaulich zeigen. Daß das Eis der Gletscher sich tatsächlich bewegt, ist mehrfach durch exakte Messungen festgestellt worden (in den Alpen 50—250 m jährlich). Kommt der Gletscher in wärmere Regionen, die den größten Teil des Jahres eine Temperatur über 6° C. besitzen, so schmilzt er ab und die so entstehenden Schmelzwässer eilen den größeren Wasserläufen zu.

Besonders wichtig ist nun die Tätigkeit desjenigen Gletschereises, das in der Diluvialzeit fast das ganze nördliche Europa (bei

Abb. 24. Gerölle in der Elbe nördlich von Spindelmühle im Riesengebirge. *G. Frebold* phot.

uns bis weit hinein nach Mitteldeutschland) als sog. Inlandeis bedeckte (vgl. S. 40) und für das wir noch heute ein großartiges Beispiel in der Eisbedeckung Grönlands haben.

Infolge seiner Bewegung und seines auf die Unterlage wirkenden erheblichen Druckes übt das Eis zunächst eine schleifende, glättende Wirkung auf unterlagerndes Gestein aus. Die im Eis namentlich in der Nähe seiner Unterlage massenhaft mitgeführten

Gerölle und Geschiebe ritzen das Gestein und erzeugen Gletscherschliffe und Gletscherschrammen (Abb. 25). Gesteinsbruchstücke der aus dem Gletschereis hervorragenden felsigen Höhen sammeln sich auf der Gletscheroberfläche an und bilden hier lange Züge von Gesteinsschutt, die man als Moränen bezeichnet. Am Ende des Gletschers sammelt sich dieses ganze mitgeführte Gesteinsmaterial infolge der Abschmelzung in Gestalt von Endmoränen an. Gleichzeitig mit den Gesteinsbruchstücken auf und im Gletscher

Abb. 25. Durch Gletschereis geschrammtes Geschiebe des Diluviums aus der Umgebung von Hannover. Original im Mineralog.-Geolog. Institut der Techn. Hochschule Hannover. *G. Frebold* phot.

wird auch Gesteinsschutt von geringerer Korngröße forttransportiert. An der Unterlage des Gletschers wird er z. T. zu feinem Gesteinsmehl zerrieben, in dem noch größere Gesteinsbruchstücke stecken. Diese Produkte sammeln sich auf der Unterlage des Gletschers an und bilden dort die Grundmoräne. Derartige Grundmoränenbildungen sind in Norddeutschland fast alle Diluvialmergel. Schmilzt das Eis in erheblicher Ausdehnung ab (durch Steigen der Durchschnittstemperatur), so entstehen große Mengen von Schmelzwässern, die das abgelagerte Moränenmaterial erodieren und außer der Verfrachtung dieses Materials auch eine Sonderung nach der Korngröße bewirken. Das führt dann zur Bildung von geschichteten Granden, Sanden, Ton usw.

e) Transport durch Wind, äolische Abtragung.

Wind kann naturgemäß nur lose, lockere Massen von geringer Korngröße transportieren, also vor allem Sande. Dieser Transport ist natürlich dort am eindruckvollsten, wo große Landflächen von losem Sand bedeckt sind und gelegentlich starke Stürme auftreten. Das gilt besonders für die Wüsten, in denen sog. Staubstürme nichts Seltenes sind; im kleinen kann man derartiges gelegentlich auch bei uns beobachten (z. B. auf Exerzierplätzen).

Eine der wichtigsten Bildungen dieser Art ist der Löß, der eine im Laufe langer Zeiträume abgelagerte, ungeschichtete poröse Masse darstellt, die viele Teile der Erde in z. T. ganz bedeutender Mächtigkeit bedeckt (in China 50 bis einige 100 m Mächtigkeit). Flugsande sind lockere, durch Wind leicht bewegliche Sande, die vor allem in ariden Gebieten weit verbreitet sind, aber auch in humiden Gegenden nicht fehlen. Bei uns ist z. B. ein großer Teil der Heidesande ein typischer Flugsand.

Produkte der Umlagerung durch Wind sind die verschiedenen Dünenbildungen, über die bereits S. 45 das Nähere gesagt ist.

D. Bodenumwandlung durch vegetative Kräfte.

I. Organismen des Bodens.

a) Pflanzen.

Das Gedeihen der Pflanzen hängt ab von denjenigen Mineralstoffen des Bodens, die sich durch physikalische oder chemische Verwitterung angesammelt haben und in eine für die Pflanzen aufnahmefähige Form übergegangen sind; unbedingt nötig sind zur Ernährung der Pflanzen Wasser, Stickstoff und Kohlenstoff. Gerade aus diesen dreien baut sich der Pflanzenkörper fast ausschließlich auf. Wasser ist reichlich vorhanden in Gestalt der Niederschläge; der zum Aufbau des Pflanzenkörpers notwendige Kohlenstoff wird dem in der Atmosphäre enthaltenen Kohlendioxyd entnommen, das in Kohlenstoff und Sauerstoff, der von der Pflanze ausgeatmet wird, zerlegt wird. Die chlorophyllhaltigen höheren Pflanzen erreichen das bekanntlich mit Hilfe des Chlorophylls und der Einwirkung des Sonnenlichtes. Den Stickstoff entnehmen einige Pflanzenarten (Papilionatae) der atmosphärischen bzw. der Bodenluft direkt mit Hilfe einiger Mikroorganismen (vor allem Bacillus radicola), die parasitär an den Wurzeln dieser Pflanzen leben und hier die bekannten Wurzelknöllchen hervorrufen[1]). Die weitaus meisten Pflanzen besitzen diese Fähigkeit nicht, sie müssen den ihnen nötigen Stickstoff den im Boden enthaltenen Stickstoffverbindungen entnehmen. Diese Stickstoffverbindungen werden vorherrschend erzeugt durch Spaltpilze oder Bakterien, die in dem kaum verwitterten Gestein genügende mineralische Nahrung finden und ihren Bedarf an Kohlenstoff und Stickstoff aus dem Kohlendioxyd und dem freien Stickstoff der Luft decken. Sterben sie ab, so hinterlassen sie Stickstoffverbindungen, die von den höheren Pflanzen leicht aufgenommen werden können.

Diesen Vorgang kann man häufig an unverwitterten Felsen beobachten. Zuerst siedeln sich Flechten und Algen an, die das Gestein überziehen; sie halten die Feuchtigkeit zurück und mit Hilfe der stets vorhandenen Kohlensäure beschleunigen sie den Verwitterungsprozeß und bereiten den Boden für das Wachstum immer anspruchsvollerer Gewächse vor. Die von ihnen ausgeschiedene Kohlensäure zersetzt die Mineralien; der in den Wurzelzellen eingeschlossene saure Wurzelsaft diffundiert durch die Zellwände und wirkt ebenfalls zersetzend. Besonders die feinsten Wurzelenden sind meist reich an organischen Säuren: Oxalsäure $C_2H_2O_4 + 2\ H_2O$, Weinsäure $C_4H_6O_6$, Citronensäure $C_6H_8O_2 + H_2O$. Diese wirken lösend auf die Mineralien des Gesteins und die so entstandene Lösung mineralischer Stoffe diffundiert ihrerseits durch die Zellwand wieder in die Wurzelzellen und dient zur Versorgung der Pflanze mit mineralischen Nährstoffen.

Von besonderer Wichtigkeit ist eine allgemeine Eigenschaft jeglichen Pflanzenwachstums, nämlich die, daß Pflanzenwuchs die Ver-

---

[1]) Die Papilionatae sind „Stickstoffsammler". Diese Eigenschaft ist bodenkundlich von erheblicher Bedeutung für Gegenden mit vorwiegend sandigen Böden (z. B. Lüneburger Heide). Hier werden ganze Felder mit der genügsamen Lupine, Lupinus luteus, besät, die später mit unter den Boden gepflügt wird. Vorbedingung für die segensreiche Tätigkeit der Lupine ist natürlich das Vorhandensein von Wurzelbakterien.

schwemmung des Bodens durch Wasser ganz erheblich herabsetzt. Moose, Gräser und Waldbäume beziehen den Boden und festigen ihn mit ihren Wurzeln; dadurch mildern sie die zerstörende Kraft des auffallenden Regens und schützen das Erdreich gegen strömendes Wasser.

b) Bodenbakterien und ihre Tätigkeit.

Von ganz besonderer Wichtigkeit für den Boden und die sich in ihm abspielenden, das Pflanzenwachstum fördernden Prozesse sind die bereits vorhin genannten Spaltpilze oder Bakterien. Viele der Umsetzungsvorgänge im Boden, die früher als rein chemische Kraftäußerungen angesprochen wurden, sind auf Rechnung der Bodenbakterien zu setzen. Doch sind unsere Kenntnisse in der Bodenbakteriologie bei weitem noch nicht so weit vorgeschritten wie etwa in der medizinisch-hygienischen Bakteriologie. Das hat vornehmlich darin seinen Grund, daß die Erkennung und genaue Kennzeichnung der Bodenbakterien auf nicht unbeträchtliche Schwierigkeiten stößt, ferner daß die Bakterienflora sich schon bei geringfügiger Änderung des Bodens mitunter erheblich verändern kann. Auch darin liegt eine Schwierigkeit, daß anscheinend viele Bakterien beim Eintritt in andere Lebensbedingungen ihre Eigenschaften und Lebensäußerungen ändern können[1]).

Bakterien oder Spaltpilze (Schizomycetes) sind bekanntlich einzellige oder fadenförmige chlorophyllfreie Pflanzenwesen, die zu den Thallophyta gehören. Ihre Größe ist außerordentlich klein, die kleinsten kugeligen Arten haben einen Durchmesser von 0,008 mm. Die einfachsten Gestalten dieser Mikroorganismen sind kugelrunde Zellchen, die man als Coccus bezeichnet. Stäbchenformen nennt man Bacillus, Stäbchenzellen mit schwachschraubigen Windungen heißen Vibrio, stärker gekrümmte Spirillum, gerade Zellflächen bezeichnet man als Leptothrix, korkzieherartig gekrümmte Zellfäden sind die Spirochaeten. Die Vermehrung der Bakterien geschieht durch Zweiteilung oder Spaltung der Zellen (daher Spaltpilze) (ungeschlechtliche Vermehrung). Die Erhaltung der Art besorgen wie bei allen Cryptogamae die Sporen, die bei Gegenwart

[1]) Vgl. dazu H. Fischer, Vorlesungen über Bakterien. G. Fischer, Jena, 1903.

geeigneter Nährstoffe und bei günstiger Temperatur keimen. Aus dem Keim wird das Bacterium (geschlechtliche Vermehrung). Die Unterschiede in der Gestaltung der einzelnen Bakterienarten sind im großen Ganzen sehr gering; in Lebensweise und Lebensäußerungen aber weichen sie erheblich voneinander ab. Wie nun die Wirkungen der Bakterien zustande kommen, ist vorläufig noch recht rätselhaft. Teilweise werden Veränderungen der Umgebung auf die Lebensäußerungen der Bakterien zurückzuführen sein, z. T. können aber auch an sich leblose Bestandteile des Zellinhaltes, die sog. ungeformten Enzyme, Zersetzungen oder Verbindungen fremder Körper hervorrufen, sobald diese Enzyme aus der Zelle herausgetreten sind. Die Bakterienzellen selbst erleiden dabei keine merkbare Veränderung.

Die meisten Bakterien können nur bei Anwesenheit von Sauerstoff existieren, man nennt sie daher aerobe Bakterien; gewisse Arten können ohne Sauerstoff auskommen: fakultativ anaerobe Bakterien; obligat anaerobe Bakterien gedeihen nur bei Abwesenheit von Sauerstoff. Größere Mengen von Kalk im Boden fördern die Tätigkeit aller Bakterien, für die meisten ist Kalk überhaupt Vorbedingung. Gegen Frost sind die meisten Bakterien unempfindlich; andere Bakterien, vor allem diejenigen, die den Luftstickstoff in Pflanzenstickstoff überführen, können längere Belichtung nicht vertragen. Wie die höheren Pflanzen so können natürlich auch die Bakterien die mineralischen Nährstoffe nicht entbehren; die meisten Bakterien benötigen zu ihrer Ernährung sogar organische Stoffe.

Wir gliedern mit Fischer [1]) die Bakterien nach ihrer Lebensweise in drei biologische Gruppen:

1. Prototrophe Bakterien können ganz oder teilweise ohne organische Nahrung gedeihen.

2. Metatrophe Bakterien, zu denen die meisten Bakterien gehören, leben in der freien Natur oder auf der inneren Oberfläche des tierischen und menschlichen Körpers. Einige von ihnen verursachen Gärungsprozesse (zymogene Bakterien), andere erregen Fäulnis (saprogene Bakterien).

3. Paratrophe Bakterien können nur innerhalb lebender Organismen gedeihen.

---

[1]) H. Fischer, a. a. O.

Die beiden letzten Gruppen können sich aus anorganischen Stoffen nicht ernähren, stehen also in diesem Punkte in scharfem Gegensatz zu den prototrophen Bakterien.

In allen Bodenarten sind Bakterien enthalten, zum Teil als ruhende Keime, z. T. in lebhafter Vegetation. Einige Bakterien sind bodenkundlich von ganz besonderer Bedeutung; sie seien hier kurz charakterisiert:

1. Schwefelbakterien (Thiobakterien) sind Vertreter der prototrophen Bakterien und finden sich dort, wo Schwefelwasserstoff auftritt. Diesen oxydieren sie unter Abscheidung von freiem Schwefel.

2. Eisenbakterien (Ferrobakterien) sind ebenfalls prototrophe Bakterien, die Ferrihydroxyd abscheiden und dadurch oxydierend auf Lösungen von saurem Ferrokarbonat einwirken.

3. Stickstoffbakterien. Sie sind von ganz besonderer Wichtigkeit für die Bodenkunde. Eine Reihe saprogener Bakterien zersetzen organische Stoffe tierischer oder pflanzlicher Natur (z. B. Eiweißstoff, Harnstoff usw.) und erzeugen dabei Ammoniak oder Ammonverbindungen. Andere, und zwar prototrophe, anaerobe Bakterien wandeln Ammonstickstoff zu salpetriger Säure um; das sind die Nitritbakterien. Eine dritte Art von Bakterien, die Nitratbakterien, oxydieren die salpetrige Säure zu Salpetersäure, die ja für die Pflanzenernährung die wichtigste Stickstoffverbindung ist [1]). Man bezeichnet diesen Vorgang als Nitrifikation. Zu den Stickstoffbakterien gehören auch die schon genannten (vgl. S. 66) Mikroorganismen, die parasitär in den Wurzelknöllchen der Papilionatae leben und den Stickstoff der Luft oder der Bodenluft in Stickstoffverbindungen umwandeln. Hierher gehört vor allem Bacillus radicicola. Ob auch andere Pflanzen als die Papilionatae durch die Stickstofferzeugung derartiger Bakterien in ihrem Wachstum gefördert werden, vor allem durch freilebende Stickstoffbakterien, ist noch recht problematisch.

4. Denitrifizierende Bakterien sind insofern von einiger Bedeutung, als sie die Tätigkeit der eben genannten Stickstoffbakterien erheblich beeinträchtigen dadurch, daß sie entweder salpetersaure Salze zerlegen, wobei Stickstoff frei wird, oder Salpetersäure zu salpetriger Säure reduzieren; dieser Vorgang heißt Denitrifikation. Derartige Bakterien entfalten ihre Tätigkeit am besten in schlecht

[1]) Die Salze der salpetrigen Säure, die Nitrite, sind starke Pflanzengifte!

entwässertem, ungenügend durchlüftetem Boden. Durch reichliche Kalkmengen im Boden wird ihre Tätigkeit erheblich begünstigt.

c) Tiere.

Auf den Boden haben naturgemäß alle jene Tiere einen größeren Einfluß, die ihn entweder bewohnen oder nach Nahrung durchwühlen. Besonders in Frage kommen da zahlreiche Würmer, besonders Regenwürmer, dann Schnecken, Tausendfüßler, Insekten (von diesen besonders die Ameisen) und schließlich natürlich auch Säugetiere (Maulwurf, Wildschwein). Zahlreiche Untersuchungen liegen über die Tätigkeit der Regenwürmer vor.

Regenwürmer nähren sich vor allem von Pflanzenabfällen, die sie anscheinend im Körper mit Erde zermahlen und in gerundeten, durch Schleim verklebten Massen wieder ausscheiden. Humussäuren schaden den Regenwürmern nicht, wohl aber z. B. Essigsäure. Durch die Tätigkeit der Regenwürmer wird der Boden gelockert; dadurch sowie durch ihre Ausscheidungen wird die Krümelung des Bodens wesentlich gefördert. Schwerer Boden wird durch ihre Wurmgänge dem Wasser leichter zugänglich gemacht.

Ameisen und ihre Verwandten (in den Tropen die Termiten) sind für die Bodenlockerung sehr wichtige Insekten. Von anderen Insekten, die namentlich für Sand- und Heideböden bedeutungsvoll sind, sind zu nennen eine Reihe Arten der Gattung Cicindela, sowie ihr naher Verwandter, der Mistkäfer, Melolonta vulgaris L., ferner die Sandwespe.

Mäuse und Wühlmäuse lockern ebenfalls den Boden, sind aber für den Pflanzenbestand sehr schädlich und aufs Ganze gesehen ist ihre nützliche Tätigkeit bei weitem geringer als ihr Schaden.

Die Tätigkeit der Maulwürfe hingegen ist unbedingt nützlich, trotz des Schadens, den sie gelegentlich in Gärten und dgl. erheblich anrichten. Sie lagern beträchtliche Mengen von Boden um, namentlich durch das tägliche Befahren ihrer Gänge. Die in den Maulwurfshaufen zutage geförderte Erde stammt oft aus einer Tiefe von 20—30 cm.

Auf die Tätigkeit der Wildschweine ist bereits hingewiesen worden (S. 59).

II. Zersetzung organischer Stoffe im Boden.

a) Vorbemerkungen.

Die Bestandteile abgestorbener Pflanzen sind unter natürlichen Verhältnissen dauernd in Umwandlung begriffen. Man kann das überall an der Zerstörung der Pflanzenfarben und der Pflanzengestalt erkennen. Sehr wahrscheinlich wird dieser Zersetzungsvorgang eingeleitet durch die Tätigkeit von Bakterien. Die Art des Zersetzungsvorganges hat einen ganz verschiedenen Charakter, ob dieser Vorgang im Beisein des Luftsauerstoffes stattfindet oder nicht. Man unterscheidet also:

1. Zersetzungsvorgänge unter Beteiligung von Sauerstoff: Verwesung.

2. Zersetzungsvorgänge ohne Beteiligung von Sauerstoff: Fäulnis.

b) Verwesung.

Der Verwesungsprozeß ist vom chemischen Standpunkte demnach nichts anderes als ein langsamer Oxydations- oder Verbrennungsprozeß, bei dem unter Aufnahme von Sauerstoff letzten Endes aller Kohlenstoff der organischen Pflanzenbestandteile in Kohlendioxyd und aller Wasserstoff in Wasser verwandelt wird. So gesehen ist bis zu einem gewissen Grade der Verwesungsprozeß der umgekehrte Ablauf des Aufbauprozesses der Pflanzen. Der Stickstoff, der von den Pflanzen besonders als Eiweiß aufgespeichert wird, wird bei der Verwesung entweder frei oder in Ammoniak oder in Salpetersäure umgewandelt. Die durch die Pflanzenwurzeln aufgenommenen Mineralstoffe bleiben dabei als Karbonate, Nitrate, Sulfate, Phosphate, Silikate und Chloride zurück. Wichtig ist, daß die von den verwesenden Pflanzen hinterlassenen Stickstoffverbindungen sowie Kalk, Kali, Phosphorsäure und andere, die durch den Verwesungsprozeß in den oberen Bodenschichten angesammelt sind, um so mehr das Wachstum anspruchsvollerer Gewächse ermöglichen, je vollständiger die genannten Stoffe in Salpetersäure oder deren Salze umgewandelt sind.

Im einzelnen ist der Verwesungsprozeß von mehreren Faktoren abhängig.

1. Vom Luftsauerstoff. Je leichter dieser zu den abgestorbenen Pflanzenresten gelangen kann, desto schneller verläuft der Oxydationsprozeß von Kohlenstoff und Wasserstoff. Wasser selbst

ist Vorbedingung für den Eintritt des Verwesungsprozesses, denn völlig ausgetrocknete Stoffe können nicht verwesen.

2. Von der Höhe der Temperatur. Der Verwesungsprozeß wird verlangsamt oder kommt überhaupt zum Stillstand, sobald die Temperatur unter eine gewisse Grenze sinkt oder gewisse Grade überschreitet. Und zwar so, daß die Verwesung oberhalb des Gefrierpunktes beginnt, zunächst langsam ansteigt und dann schneller mit zunehmender Temperatur bis zum Optimum steigt.

3. Von der Widerstandsfähigkeit der verwesenden Pflanzenteile. Besonders feste und dichte Pflanzenteile, z. B. verholzte Teile widerstehen der Verwesung besser als weiche und poröse. Sehr widerstandsfähige Pflanzenteile sind auch solche, die, wie z. B. die Oberhaut von Equisetum, mit Kieselerde imprägniert sind. Eine Art konservierenden Einfluß übt das Bitumen (Erdharz, Erdwachs) aus, das aus Sauerstoffverbindungen von Kohlenwasserstoffen (vornehmlich zur Methanreihe gehörig) besteht, oft ganze Gesteine durchdringt und sie auffällig vor Verwitterung schützt.

Der Verwesungsprozeß wird erheblich gefördert durch die Anwesenheit alkalisch reagierender Stoffe, z. B. Kalium- und Natriumkarbonat, Kalziumhydroxyd, Kalziumkarbonat. Das sind Stoffe, die auf pflanzliche Substanzen lösend einwirken. Verlangsamung oder vollständige Hemmung des Verwesungsprozesses wird durch größere Mengen von Chloriden, z. B. Kochsalz, Kaliumchlorid usw., außerdem durch Schwermetallsalze, z. B. Eisensulfat, Quecksilberchlorid, Kupfersulfat usw. hervorgerufen. Freie Säuren benachteiligen ebenfalls den Verwesungsprozeß.

Stark beteiligt sind an dem Zersetzungsprozeß der Pflanzenreste naturgemäß auch die im Boden lebenden Tiere, besonders die Regenwürmer, aber auch Ameisen, Engerlinge, Maulwürfe. Auf ihre Tätigkeit ist bereits S. 70 näher hingewiesen. Durch freie Säure wird die Tätigkeit aller dieser Tiere beeinträchtigt.

c) Fäulnis.

Fäulnisvorgänge können stattfinden mit oder ohne Einwirkung von Bakterien. Für den ersten Fall sei ein Beispiel genannt: Zellulose ($C_6H_{10}O_5$) ist der Hauptbestandteil pflanzlicher Zellwandungen. Kommt diese mit einem im Schlamme der Gewässer weit verbreiteten Spaltpilz in Berührung, so zerfällt sie nach folgender schematischen Gleichung:

$$C_6H_{10}O_5 + H_2O = 3\,CO_2 + 3\,CH_4.$$

CH_4 ist Sumpfgas oder Methan und sein Auftreten in der Natur kann man sehr häufig dort beobachten, wo am schlammigen Boden von Wassertümpeln Pflanzenreste, also Zellulose, verfaulen; dem Wasser entsteigen dabei Gasbläschen, die, wenn sie angezündet werden, verbrennen.

Im Gegensatz zu den relativ schnell verlaufenden Fäulnisprozessen, bei denen Bakterien mitwirken, stehen die rein chemischen Fäulnisvorgänge, bei denen keine Bakterien tätig sind und die sehr langsam erfolgen. Fäulnisprozesse der letzten Art haben besondere Wichtigkeit für die Bildung von Torf und Mineralkohlen. Eingehende Untersuchungen darüber hat J. J. Früh angestellt [1]). Nach diesem Forscher wird der Zellinhalt der Pflanzen bei der Torfbildung zuerst angegriffen, wobei eine meist körnige braune Masse entsteht. Zellulose wird erst später zersetzt und das in den Zellwandungen ebenfalls enthaltene Lignin, der Holzstoff (Zusammensetzung unbekannt), bietet dem Fäulnisprozeß den größten Widerstand. Es entstehen schließlich völlig homogene Massen, die man nach ihrem chemischen Verhalten den Humaten zurechnen muß.

Wie im einzelnen dieser Umwandlungsprozeß bei fossilen Brennstoffen (Braun- und Steinkohle) vor sich geht, ist schwer zu entscheiden. Man kann sagen, daß i. a. dabei Kohlenstoff dauernd angereichert wird, Wasserstoff und Sauerstoff also vermindert werden. Wasserabspaltung spielt dabei die Hauptrolle.

Fäulnisprodukte wirken oft reduzierend. Torf wandelt z. B. Lösungen von Eisenoxydsalzen in wenigen Stunden in Oxydulverbindungen um. Durch die reduzierende Wirkung wird den Pflanzenwurzeln der lebensnotwendige Sauerstoff entzogen, d. h. es tritt Erstickung ein.

d) Humus.

Wir verstehen unter Humus, Humusstoffen oder -substanzen alle Erzeugnisse einer unvollständigen Verwesung. Sie bilden einen sehr wichtigen Teil des Kulturbodens. Die chemische Natur dieser Humusstoffe ist seither nicht befriedigend aufgeklärt. Man kann zwar aus dem Humus gewisse Stoffe darstellen; doch ist es bemerkenswert, daß ihre Zusammensetzung und

[1]) J. J. Früh, Torf und Dopplerit. Zürich, 1883. J. J. Früh und C. Schröter, Die Moore der Schweiz. Bern, 1904.

ihre Eigenschaften je nach der Darstellungsweise wechseln. Es sind also offenbar nicht chemische Verbindungen, sondern Gemenge verschiedener Stoffe. Bezeichnungen für derartige Stoffe, wie: „Humin“, „Ulmin“, Huminsäure, Ulminsäure, Quell- oder Krensäure, Quellsatz- oder Apokrensäure, Geinsäure usw. sind eben nur Bezeichnungen, die keine Gewißheit darüber geben, ob die durch sie bezeichneten Stoffe vorgebildete Bestandteile des Humus sind oder ob sie erst aus dessen chemischer Umwandlung entstehen. Versetzt man Humus mit kalter Kali- oder Natronlauge (oder Ammoniak), so erhält man Stoffe, die den in Wasser schwer löslichen Säuren sehr ähneln. Diese Stoffe nennt man Humussäuren. Bei der genannten Behandlung bleiben in alkalischen Flüssigkeiten unlösliche Stoffe zurück; das sind die Humine. Humussäuren und Humine enthalten außer Kohlenstoff, Wasserstoff und Sauerstoff noch Stickstoff und mineralische Stoffe.

Humusstoffe sind an Kohlenstoff prozentual reicher, an Wasserstoff und Sauerstoff prozentual ärmer als der Pflanzenbestandteil, aus dem sie im wesentlichen hervorgegangen sind. Zellulose, $C_6H_{10}O_5$, enthält 44,4% C; 6,2% H; 49,4% O; fast reine Humusstoffe haben ca. 59—64% C, 4,4—4,6% H und 35—36% O.

Der größere oder geringere Stickstoffreichtum der humusbildenden Pflanzen bedingt natürlich auch den Stickstoffgehalt der Humusstoffe. Wahrscheinlich entsteht in den ersten Verwesungsstadien nur sehr wenig Stickstoff. Aber infolge der Oxydation des Kohlenstoffes zu CO_2 und des Wasserstoffes zu H_2O reichert sich der zurückbleibende Rest stets mehr mit Stickstoff an; dieser ist dabei zum größten Teile an Kohlenstoff, Wasserstoff und Sauerstoff fest gebunden. Ammoniak und Salpetersäure entstehen daraus erst bei völligem Zerfall der Pflanzenreste.

Natürliche Humusstoffe röten in feuchtem Zustande blaues Lackmuspapier. Diese Rotfärbung wird oft durch die den Humusstoffen meist beigemengte Kohlensäure hervorgerufen. Treibt man letztere aus und bleibt die Rotfärbung bestehen, so sind in den Humusstoffen freie Humussäuren vorhanden, der Humus selbst ist dann „sauer“. Beim „milden“ Humus sind die Humussäuren an Metalle (besonders Ca) gebunden; dieser Humus bildet sich aus solchen Pflanzen und in solchen Böden, die besonders kalkreich sind. Saurer Humus hingegen bildet sich durch kalkarme Pflanzen und Böden.

Humussaure Salze unterliegen der Verwesung bedeutend leichter als die freien Humussäuren. Kalk und kohlensaure Salze üben auf saure Humusstoffe eine zersetzende Wirkung aus. Freie Humussäuren zersetzen, namentlich, wenn sie in großen Mengen vorhanden sind, auch beständigere Verbindungen, z. B. Chloride, Sulfate, Phosphate, ja selbst Silikate, zu humussauren Salzen, dabei werden Chlorwasserstoffsäure, Schwefelsäure, Kieselsäure, Phosphorsäure oder saure phosphorsaure Salze abgeschieden.

Die Bedeutung der Humusstoffe für die Bodenbildung und -beschaffenheit ist recht groß. Beachtenswert ist dabei, daß der Humus in erster Linie physikalische Wirkungen auf den Boden ausübt. So lockern Humusbeimischungen feste Bodenarten; lose Böden, besonders Sandböden, werden durch sie weniger beweglich gemacht. Die Wirkung besteht also in einer Förderung der Krümelung. Liegt die Humusschicht geschlossen über dem Mineralboden, dann ist das nicht der Fall. Humus verbessert den Boden, aber nur dann, wenn er ihm beigemischt ist. Nur dann, wenn auch die einheitliche Humusdecke gut gekrümelt und arm an freien Säuren ist, kann sie wertvoll werden. I. a. ist jedoch eine dichte Humusdecke über dem Mineralboden stets ein Zeichen des Bodenrückganges.

e) Ortsteinbildung.

Der unter einer dichten Humusdecke liegende Boden ist naturgemäß der Wirkung der Humussäuren besonders stark ausgesetzt; zudem ist der Luftzutritt zum Boden gehemmt. Infolgedessen wird der Boden unter Rohhumusbedeckung schnell verwittern und die löslich gewordenen Mineralstoffe werden schnell ausgewaschen. Am auffallendsten zeigt sich dieser Einfluß der Rohhumusbedeckung bei Sandböden. Deren oberste Zone ist stark ausgebleicht. Humusbeimengungen sind an der Oberfläche reichlich vorhanden, nach der Tiefe werden sie weniger und der Boden nimmt eine hell- oder bleigraue Farbe an. Das ist der sog. Grau- oder Bleisand. Unter diesem Bleisand folgt mit scharfer Grenze ein gelber bis brauner Boden, der nach der Tiefe zu heller wird und seine Farbe den Beimengungen von Eisenoxyd oder Eisenhydroxyd verdankt. Endlich folgt eine hellbraune bis schwarzbraune Schicht, die einen durch humose Stoffe verkitteten Sandstein, einen Humussandstein darstellt. Das ist der Ortstein. Seine Entstehung ist darauf zurückzuführen, daß die in der Rohhumusbedeckung frei werdenden Humussäuren in tiefere Bodenschichten gelangen und hier durch Berührung mit löslichen Salzen zur Ausfällung gebracht werden; der Erfolg ist, daß die einzelnen Sandkörner mit einer dünnen Schicht strukturloser organischer Stoffe überzogen und gegenseitig verkittet werden. Die Mächtigkeit von Ortsteinlagen schwankt beträchtlich. Immerhin ist schon eine relativ dünne Ortsteinschicht in der Lage, das Eindringen stärkerer Wurzeln zu verhindern, z. B. bei Krüppelkiefern; die Wurzeln wachsen dann unmittelbar über der Ortsteinlage horizontal weiter. Zu Ortsteinbildung neigen am leichtesten reine Sandböden, jedoch kommt auch nicht selten Gesteinsgrus in Frage.

III. Torfbildung und Moorbildung.

a) Torf.

Überall dort, wo die Bedingungen für ein üppiges Pflanzenwachstum gegeben sind, und die Verwesung der abgestorbenen Pflanzenreste nur relativ langsam vor sich geht, sammeln sich im Laufe der Zeit ganz erhebliche Mengen von ganz oder teilweise vermoderten Pflanzenresten an. Diese Mengen können so groß werden, daß sie ausschließlich den Boden bilden und der Charakter des in der Tiefe steckenden Gesteins oder Mineralbodens dadurch völlig verdeckt wird. Derartige Gebiete bezeichnet man als Moore, die die Moore aufbauende Substanz ist der Torf. Moor ist also eine geologische, Torf eine petrographische Bezeichnung.

Der Torf besteht aus Pflanzenresten. Diesen kann man z. T. schon makroskopisch die erhaltene Pflanzenstruktur ansehen; viele Pflanzenreste sind chemisch zersetzt und durch Tiere zu braunen zerfaserten Massen umgearbeitet. Tierkot und Tierreste, z. B. Chitinpanzer, beteiligen sich prozentual nur wenig an der Zusammensetzung des Torfes. Hingegen findet sich vielfach im Torf Material, das durch Fadenpilze verändert ist.

Den Umwandlungsprozeß, durch den Torf entsteht, bezeichnet man als Vertorfung. Diese geht unter dem Einfluß des Wassers vor sich, das die abgestorbenen Pflanzen durchtränkt und den Zutritt des Luftsauerstoffes verhindert oder wesentlich einschränkt. Dadurch wird die Verwesung gehemmt, und an ihre Stelle tritt ein

Zersetzungsvorgang, den man als Vermoderung bezeichnet. Durch diesen Zersetzungsvorgang werden nicht nur die Pflanzenteile, sondern auch das umgebende Wasser dunkel bis dunkelbraun gefärbt. Die infolge dieses Prozesses stark zerfallenen Pflanzenbestandteile werden durch die atmosphärischen Niederschläge und das Bodenwasser ausgewaschen. Besonders leicht werden Kaliumverbindungen, unter bestimmten Verhältnissen (Abwesenheit eisenhaltigen Wassers) auch Phosphorverbindungen ausgewaschen; infolgedessen sind alle Torfarten außerordentlich arm vor allem an Kaliverbindungen.

Je weiter die Vertorfung vor sich geht, desto mehr gehen die anfänglich noch erkennbaren Pflanzenteile in eine formlose Masse über, die nun wesentlich andere Eigenschaften besitzt. Sie hat ein erhebliches Quellungsvermögen, d. h. sie ist fähig, große Flüssigkeitsmengen unter starker Vergrößerung ihres Volumens aufzunehmen und festzuhalten. Trocknet jedoch die Masse stark aus, so geht auch das Quellungsvermögen verloren. Die Torfsubstanz schrumpft dabei zu sehr harten holzartigen Stücken zusammen, die von Wasser kaum benetzt werden. Dieses Kontraktionsvermögen wächst naturgemäß mit zunehmender Homogenität der Torfsubstanz. Und so geschieht es, daß derartige, fast homogene Torfsubstanzen an spezifischem Gewicht und Härte bedeutend zunehmen, ihr Volumen aber auf ein Zehntel und weniger des ursprünglichen Volumens verringern. Die Mächtigkeit derartiger Torfmassen kann bis zu 10 m und mehr erreichen.

Die Heterogenität der Torfsubstanz nimmt also nach der Tiefe zu ab und deshalb finden sich, je größer die Tiefe, desto mehr homogene Torfsubstanzen, d. h. solche, die keine erkennbaren Pflanzenreste mehr enthalten.

Beschaffenheit und Eigenschaften des Torfes sind sehr abhängig von den ihn zusammensetzenden Pflanzenbestandteilen. Damit wechselt naturgemäß auch die Beschaffenheit einer Moorbildung; aber auch die Beschaffenheit des Untergrundes und der Zuflüsse zum Moor spielt eine erhebliche Rolle. Im allgemeinen wird aller Torf gebildet von einigen wenigen Pflanzen; es sind fast ausschließlich Moose, besonders Sphagnum-, Hypnum- und Polytrichum-Arten. Je nach den die Torfsubstanz vorwiegend zusammensetzenden Pflanzen kann man folgende Torfarten unterscheiden.

Moostorf, vorwiegend aus Resten von Sphagnum und Eriophorum gebildet; Torf, vorwiegend bestehend aus Resten von

Phragmites communis Trin. (hierher gehört der sog. Darg Nordwestdeutschlands); Seggentorf, der charakteristische Torf der Flachmoore, besteht aus einem Stengel- und Wurzelgewirr von Carex-Arten (vor allem Carex filiformis L., C. ampullacea Good., C. vesicaria L.); Wollgrastorf, vorwiegend bestehend aus den Fasern von Eriophorum vaginatum L.

Eine Gliederung der Moore wird naturgemäß an floristische Eigentümlichkeiten anzuknüpfen haben. In dieser Beziehung kann

Abb. 26. Wollbüschel (Fruchtstand) von Eriophorum vaginatum L. im Warmbüchener Moor bei Hannover. *J. Hesemann* phot.

man zunächst zwei Gruppen unterscheiden. Zu der einen Gruppe gehören alle jene Moorbildungen, in denen nur besonders anspruchslose Pflanzen üppig gedeihen können; es sind das die durch Sphagnaceen, Erica, Calluna und Eriophorum-Arten floristisch gekennzeichneten Moorbildungen (Abb. 26). Zu der anderen Gruppe gehören Moorbildungen, die entweder primär an Nährstoffen reich sind oder diese Nährstoffe von außen dauernd durch Wasser zugeführt bekommen. Die Flora derartiger Moore ist wesentlich reicher, besonders zu nennen sind: Gramineae (Phragmites communis Trin., Calamagrostis-Arten, Poa aquatica L.), Cyperaceae (Carex-, Scirpus-, Typha- und Juncus-Arten), seltener Sphagnaceae, häufiger Hypnum-Arten, von Holzgewächsen besonders Alnus, aber auch Quercus, Fraxinus, Tilia, Picea, Salix usw.

Weit gebräuchlicher ist eine andere Einteilung. Alle jene Moorbildungen, die auf einem über dem gewöhnlichen Grundwasserspiegel belegenen Boden entstanden sind, bezeichnet man als Hochmoore; andererseits sind Niederungs- oder Flachmoore solche, die entweder vom Wasser bedeckt sind oder doch häufig Überschwemmungen ausgesetzt sind. Zwischen beiden Arten stehen die Zwischen- oder Übergangsmoore.

Abb. 27. Verlandung am Nordostufer des Steinhuder Meeres bei Hannover. Rechts im Wasser Phragmites communis Trin., links Hochmoorboden des Toten Moores mit Weiden und Birken. *G. Frebold* phot.

b) Moore und Moorbildung.

Niederungs- oder Flachmoore entstehen überall dort, wo nährstoffreiches und fließendes Wasser zur Verfügung steht, also z. B. an abgeschnürten Flußstrecken und in Flußverbreiterungen. Vorbedingung ist dabei naturgemäß ein schwer durchlässiger Untergrund, also alluviale Ablagerungen sandiger, toniger oder kalkiger Natur (Schlick, Wiesenmergel). Anders gesehen ist die Bildung eines Flachmoores stets auch eine Verlandung von Seen (Abb. 27) oder abgeschnürten Flußschlingen. Diese Verlandung schreitet vom Rande der Wasserfläche gegen die Mitte vor. Die fortschreitende Verlandung ermöglicht weiterhin die Existenz von Holzpflanzen, ja von Waldbäumen, und führt zur Bildung von Bruchwäldern. Derartige Bruchwälder gehen oft durch zunehmende Bodennässe zugrunde und zwischen und über den gefallenen Stämmen, deren Wurzelstücke vielfach als sog. Stubben noch aus dem Boden hervorragen, siedelt sich bald wieder eine üppige Flora an (Hypnum, Menyanthes trifoliata L., Sumpfgräser usw.), die den vom Bruchwald gelieferten sog. Bruchwaldtorf, mit sog. Grastorf überdeckt. Die Schichtenfolge derartiger Moorbildungen ist von unten nach oben durchweg: Schlamm, Mudde, Torf.

Die Vertorfung, die ja im allgemeinen von unten nach oben fortschreitet, kann aber anscheinend auch in umgekehrter Richtung

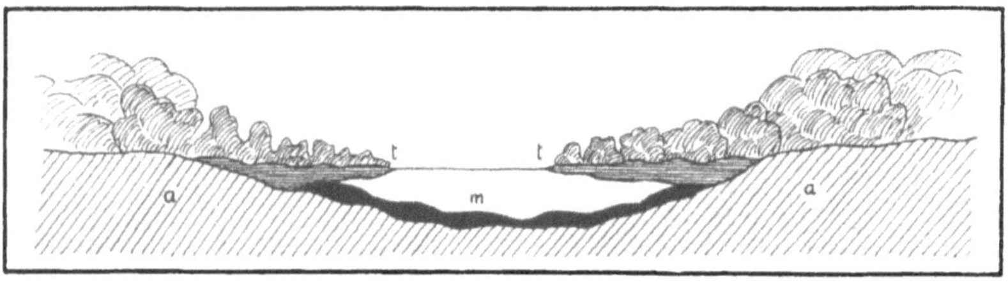

Abb. 28. Allmähliche Überwachsung eines Sumpfes von den Rändern aus durch eine Moordecke. *a* Unterlage des Sumpfes, *m* mulmige Bodenschicht, *t* Moor. Nach *E. Kayser.*

verlaufen. Die sanften Ufer tieferer Bodeneinsenkungen besiedeln sich mit torfbildenden Wassergräsern, Acorus, Typha, Nymphaea, Stratiotes, Elodea, Hydrocharis, Myriophyllum, Hippuris, Ranunculus aquatilis L.; ihre abgestorbenen Reste erhöhen den Boden und engen dadurch die Wasserfläche immer mehr ein. Je trockner diese Ränder werden, desto mehr siedeln sich darauf torfbildende Pflanzen an, die weniger Wasser benötigen. In der Mitte derartiger Becken ist dann noch freies Wasser, während an den Rändern eine mehr oder weniger dicke Torfschicht auf dem Wasser schwimmt (vgl. Abb. 28). Diese schwimmenden Torfschichten werden durch fortschreitende Vertorfung und durch Überwehung und durch Überschwemmung mit mineralischen Bodenarten schwerer, sinken infolgedessen zuletzt auf den Boden des Wasserbeckens und bilden hier eine mulmige Bodenschicht. Mitunter sinken derartige Torfränder nicht ganz ein, sondern wachsen mit ihrem langsamen Einsinken nach oben durch immer neuen Pflanzenwuchs. Dadurch werden sie relativ mächtig und bilden schwimmende Rasenmoore. Derartige Bildungen kann man z. B. sehr schön am Nordrand des Steinhuder Meeres bei Hannover beobachten.

Zwischen- oder Übergangsmoore bilden sich überall da aus Flachmooren, wo letztere in ihren Entwicklungsbedingungen einen erheblichen Wechsel erfahren. Also z. B. dann, wenn sich ein Flachmoor so hoch über seinem Untergrund erhoben hat, daß die oberste Pflanzendecke den Nährstoffgehalt im mineralischen Untergrund oder in den Zuflüssen nicht mehr ausnutzen kann und andererseits noch genügend Feuchtigkeit für das Gedeihen typischer Hochmoorpflanzen vorhanden ist. Auf diese Weise geht aus einem

Abb. 29. Hochmoor beim Forsthaus Torfhaus im Solling (ca. 500 m über NN.). Charakteristisch sind die kleinen Buschhügel von Vaccinium Oxycoccos L. inmitten der aus Carex-Arten und Sphagnum bestehenden Flora. Außer Tannen im Hintergrunde auch Birken. *G. Frebold* phot.

Flachmoor und Übergangsmoor schließlich ein Hochmoor hervor (Abb. 29, 30). Die wichtigsten Vertreter derartiger Übergangsmoore sind die Marschmoore unserer norddeutschen Marschen. Es sind das Moorbildungen auf den an Pflanzennährstoffen reichen alluvialen Ablagerungen des Seeschlicks. Der Torf derartiger Moore, Dargtorf genannt, besteht aus den Resten von Phragmites communis Trin., das ehedem den eigentlichen Marschenboden weit und breit besiedelt hatte.

Hochmoore endlich entstehen dort, wo nur nährstoffarme Böden und Gewässer torfbildenden Pflanzen ein Wachstum ermöglichen. Das kann auf verschiedene Weise geschehen: 1. unmittelbar in sehr nährstoffarmen Gewässern und Böden, 2. auf Flachmooren als deren Endstadium (Abb. 31, siehe oben) und 3. auf humosen Ablagerungen trockner Böden. Ein besonderes Interesse hat dabei der dritte Fall insofern, als auf diese Weise die ausgedehnten Hochmoore im Norden und besonders Nordwesten Deutschlands entstanden sind. Durchweg hat die Bildung dieser Hochmoore mit einer Versumpfung von Wald- und Heideböden begonnen. Auf dem Roh-

Abb. 30. Hochmoor im Flachlande. Totes Moor am Steinhuder Meer bei Hannover. Birken, Heidekraut (Calluna vulgaris L.) und im Vordergrunde kleine Büsche von Vaccinum Oxycoccos L. *G. Frebold* phot.

humus erscheinen zuerst Torfmoose, die massenhaft wuchern und die Bäume zum Absterben bringen. Vielfach geht dieser Besiedelung durch Torfmoose noch eine Pflanzengesellschaft von Carex-Arten und anderen Sumpfpflanzen voraus. Haben die Moospolster größere Mächtigkeit, so tritt auch meist Pinus auf. Aber auch sie stirbt ab, wenn die Moosschichten ca. 30—40 cm erreicht haben. Derartige Moorbildungen werden natürlich dort besonders gefördert, wo außer der Armut des Bodens auch noch Ortsteinbildung auftritt und ein entsprechendes Klima das Seinige dazu beiträgt, wie in den großen Moorgebieten der Provinz Hannover und des Freistaates Oldenburg.

c) Bau der Hochmoore.

Die Hochmoorbildungen Deutschlands zeigen im allgemeinen einen sehr gleichartigen Aufbau, der in vielen Untersuchungen immer wieder bestätigt ist [1]).

Was zunächst die Pflanzenformation der noch wachsenden Hochmoore anlangt, so besteht die Pflanzendecke in weitaus überwiegendem Maße aus Torfmoosen, vor allem einer Reihe Arten der Gattung Sphagnum (S. medium, S. fuscum, S. recurvum, S. obtusum, S. cuspidatum, S. rubellum, S. imbricatum, S. capillifolium, S. subsecundum). Zwischen diese mischen sich Scirpus caespitosus L., Eriophorum vaginatum L., Drosera rotundifolia L. und Dr. longifolia L. An trockeneren Stellen finden sich vereinzelt: Calluna vulgaris Sa-

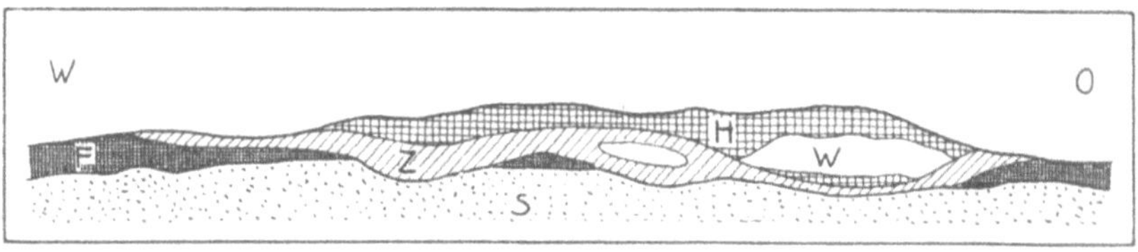

Abb. 31. Durchschnitt durch das Gr. Moosbruch in Ostpreußen, bestehend aus Hoch-, Zwischen- und Flachmoor mit eingeschlossenen Wasserkissen. Nach A. *Klautzsch*. *S* sandiger Untergrund, *F* Flachmoor, *Z* Zwischenmoor, *H* Hochmoor.

lisb., Erica tetralix L., Andromeda polifolia L., Myrica Gale L., Empetrum nigrum L., Ledum palustre L., Vaccinium Oxycoccus L. Von Holzpflanzen finden sich verkrüppelte Exemplare von Pinus und Betula. Wenn der Wasserreichtum der Oberflächenschicht geringer wird, dann sterben die Torfmoose ab und statt dessen nehmen vor allem die Heidekräuter überhand. Diese siedeln sich besonders auf kleinen Hügelchen, den sog. Heidebülten, an, die zwischen sich Vertiefungen frei lassen, die mit Moorschlamm angefüllt und von vielen Algen, Eriophorum und Scirpus bewachsen sind. Diese Vertiefungen nennt man auch Schlenken.

Vornehmlich aus den Torfmoosen bildet sich der Hochmoortorf. Diese Torfmoose sind außerordentlich anspruchslose Pflanzen, die

[1]) Eine ausgezeichnete monographische Studie über ein Hochmoor ist z. B. die Arbeit von Dr.-Ing. Carl Birk, Das Tote Moor am Steinhuder Meer. Erschienen in den Arbeiten des Laboratoriums für technische Moorverwertung an der Technischen Hochschule zu Hannover. Verlag Fr. Vieweg & Co., Braunschweig. 1914.

sich dann besonders gut entwickeln, wenn ihnen möglichst große Wassermengen zur Verfügung stehen. Sie selbst nehmen erhebliche Wassermassen auf und wachsen sehr schnell. Die Folge davon ist, daß nur sehr wenige Pflanzen neben ihnen existieren können. In feuchten Wäldern sind sie im Kampf ums Dasein mit den Holzgewächsen stets Sieger. Daher der bekannte Ausdruck: „Das Torfmoor frißt den Wald". Die zarte weiche Substanz der Torfmoose

Abb. 32. Torfstich im Toten Moor am Steinhuder Meer bei Hannover. *G. Frebold* phot.

zersetzt sich nur sehr schwer, infolgedessen ist ihre Widerstandsfähigkeit gegen die eigentliche Vertorfung sehr groß. Diese Widerstandsfähigkeit wird noch erhöht dadurch, daß sich in den Zwischenräumen der Torfmoose Kohlensäure ansammelt, daß alkalisch reagierende Substanzen fehlen, und nicht zuletzt auch dadurch, daß die Torfmoose Stoffe enthalten, die sie gewissermaßen gegen Vermodern und Vertorfen konservieren: schwer zersetzbare Harze und Gerbsäure.

Können infolge Trockenheit der Mooroberfläche Torfmoose nicht mehr gedeihen, dann erscheinen Heidekrautgewächse und unter dem Einfluß des Luftsauerstoffes wird dann die oberste Moostorfschicht humifiziert. Allmählich wird daraus eine Heideerdeschicht. Der Vertorfungsprozeß der Torfmoose geht aus den oben genannten Gründen recht langsam vor sich; zur Bildung derartig dichter homogener Torfmassen (Abb. 32), wie wir sie in den tieferen Zonen aller Hochmoore finden, sind also bedeutende Zeiträume nötig. Es ist das Verdienst C. A. Webers, durch eine Reihe eingehender Arbeiten den vertikalen Aufbau eines Hochmoores genauer festgestellt zu haben.

Man kann nach ihm folgende „Schichtenfolge" mit ziemlich allgemeiner Gültigkeit aufstellen:

Zuunterst, auf dem eigentlichen Mineralboden, eine Lage von Waldtorf. Dies sind die Überbleibsel des ursprünglichen Waldes, der aus Quercus, Alnus und vorwiegend Pinus bestand. Meistens ist die Waldtorfschicht nur wenig entwickelt, bei größerer Mächtigkeit liegen dann mehrere Baumschichten übereinander.

Über dem Waldtorf folgt der Untere Moostorf mit einer Mächtigkeit von 2—3 m. Das ist ein stark zersetzter Sphagnumtorf mit Einlagerungen von Eriophorumresten.

Darüber folgt die sog. Grenzschicht, die etwa 0,30 m mächtig wird und den Unteren Moostorf gleichmäßig überzieht. Sie besteht vorwiegend aus Resten von Eriophorum, Calluna, Erica usw.; Baumreste, besonders von Pinus, finden sich gelegentlich.

Zuoberst folgt dann der Obere Moostorf, der in seiner Zusammensetzung (Sphagnum und Eriophorum) dem Unteren Moostorf gleicht, aber weit geringer zersetzt ist und lockere, faserige Beschaffenheit zeigt. Vielfach überdeckt den Oberen Moostorf noch eine Art Verwitterungsschicht, die aus einem stärker zersetzten, Calluna-, Erica- und Polytrichumreste führenden Torf besteht und als sog. Bunkerde bezeichnet wird. Die Mächtigkeit des Oberen Moostorfes schwankt zwischen 1,5—2 m in der Mitte und 3 m am Rande des Moores.

Die Hochmoore halten, wie leicht begreiflich, viel Wasser fest und stauen es gewaltig an. Dadurch wird der Grundwasserspiegel lokal höher gelegt und aus diesen Gründen finden sich in vielen Mooren kleinere oder größere Wasserbecken, sog. Torfseen.

Ein paar kurze Bemerkungen seien hier noch über Hochmoorbildungen in Gebirgen angefügt.

Besonders günstig für die Entstehung von Gebirgshochmooren sind Bergplateaus (Brockenmoor im Harz) und Senken auf Hochebenen (Mecklenbruch im Solling). Derartige Hochmoore sind überall ursprünglich auf Waldboden entstanden. Der Vorgang der Moorbildung ist auch hier wie er oben gekennzeichnet ist: in dem ursprünglichen Walde sammelt sich auf dem Boden Rohhumus an, auf dem sich Torfmoose ansiedeln. Durch diese immer üppiger wuchernden Torfmoose wird der Wald allmählich zum Absterben gebracht, bis schließlich ein reines Hochmoor übrigbleibt.

E. Chemie und Physik des Bodens.

I. Mineralogische und chemische Analyse.

a) Allgemeines.

Um die Zusammensetzung des Bodens zu bestimmen, bedient man sich mineralogischer und chemischer Analysenmethoden. Beide Arten haben für die Zwecke der Bodenkunde ihre hohe Bedeutung, doch geht diese Bedeutung nicht soweit, daß durch diese Methoden alle Eigenschaften des Bodens, namentlich in Rücksicht auf die Landwirtschaft, eindeutig festgelegt wären. Vor einer derartigen Überschätzung besonders der chemischen Analyse, wie sie zu Justus Liebigs Zeiten gang und gäbe war, muß eindringlich gewarnt werden. Die Eigenschaften des Bodens sind ja nicht nur durch den mineralogischen und chemischen Bestand des Bodens bedingt, sondern in ebenso bedeutendem Maße auch durch seine physikalischen Eigenschaften. Dementsprechend haben wir auch die mineralogisch-chemischen Untersuchungen von den physikalischen zu trennen.

b) Mineralogische Bodenanalyse[1]).

Liegen gröbere Gemengteile des Bodens vor, wie z. B. bei Kiesen, Sanden, Granden usw., so ist die mineralogische Bestimmung der Gemengteile, die zudem meist einzelne Mineralien sind, nicht schwer. Mit bloßem Auge kann man bei einiger Übung so relativ leicht Orthoklas, Plagioklas, Quarz, Biotit, Muskovit, Augit und Hornblende bestimmen. Je feinkörniger das Gemenge oder gar das feste Gestein wird, desto schwieriger wird natürlich die Bestimmung der einzelnen Teile. Die Bestimmung muß dann andere Methoden zu Hilfe nehmen. Man kann z. B. die Mineralien bestimmen nach ihrem spez. Gewicht, indem man eine Probe des Sandes oder des zerstoßenen Gesteins in eine Flüssigkeit von bekanntem hohen spez. Gewicht

[1]) Vgl. dazu Fritz Seemann, Leitfaden der mineralogischen Bodenanalyse. W. Braumüller, Wien und Leipzig. 1914.

bringt, z. B. in Kaliumquecksilberjodid (Thouletsche Lösung) mit D = 3,196 oder in Methylenjodid mit D = 3,32. Gemengteile mit höherem spez. Gewicht als demjenigen dieser Flüssigkeiten sinken dann unter (gewisse Augite, mitunter auch Olivin, Zirkon, Magnetit, Eisenglanz, Titaneisenerz, Schwefelkies). Schneller und eindeutig führt die optische Methode der Mineralbestimmung im Polarisationsmikroskop zum Ziele. Hier hat man schon im gewöhnlichen Licht durch Bestimmung der Lichtbrechung vor allem in Gesteinsdünnschliffen weitgehende Anhaltspunkte; eine genaue Bestimmung ist freilich erst im polarisierten Licht möglich [1]). Auf diese speziell petrographische Arbeitsmethode kann hier nur hingewiesen werden.

c) Chemische Analyse.

Diese Methode der Bodenuntersuchung kann hier auch nur soweit berücksichtigt werden, als es sich darum handelt, Verständnis für ihre Bedeutung zu erwecken. Anfertigung von Bodenanalysen, die vielfach ebenso langwierig wie Silikatanalysen sind, überläßt der Landwirt stets am besten dem Chemiker von Fach. Für den Landwirt wichtig ist folgendes:

Zunächst ist wichtig die Entnahme der Bodenproben. Will man eine im Boden vorhandene Schicht und ihre Zusammensetzung kennen lernen, so muß die Probe möglichst rein und charakteristisch ausgebildet sein. Dazu ist natürlich Kenntnis der lokalen Verhältnisse erforderlich. Will man die vorhandenen Mineralstoffe kennen lernen, dann kann man entweder Durchschnittsproben des Gesamtbodens nehmen oder die Zusammensetzung der einzelnen Bodenschichten feststellen. Für den letzten Fall stellt man im Boden Löcher von 1—0,50 m Querschnitt her. Die Tiefe dieser Löcher soll bis auf das Grundgestein gehen, in lockeren Böden bis zum Grundwasser und dort, wo beides erst in größerer Tiefe zu erreichen ist, bis zu einer Tiefe von 1,5—2 m. An der einen, vorher mit einem Spaten gerade abgestochenen Wand eines derartigen Loches nimmt man dann die Proben. Die Proben selbst müssen von Wurzel- oder Pflanzenresten befreit sein.

Die Resultate der Analysen werden in den allermeisten Fällen als Oxyde oder Säureanhydride angegeben: Kaligehalt als K_2O,

[1]) Vgl. E. Weinschenk, Das Polarisationsmikroskop. Herder. Freiburg i. Br. B. Sandkühler, Einführung in die mikroskopische Gesteinsuntersuchung. Franckhscher Verlag, Stuttgart.

Natrongehalt als Na_2O, Kalkgehalt als CaO, Magnesiagehalt als MgO, Tonerdegehalt als Al_2O_3, Eisengehalt als Fe_2O_3 oder — wenn nachweisbar — als FeO, Phosphorsäuregehalt als P_2O_5, Schwefelsäuregehalt als SO_3; Chlor und Stickstoff werden als Elemente Cl und N, Ammoniak als NH_3 dargestellt.

Will man den praktischen Nutzen derartiger Bodenanalysen übersehen, dann muß man sich vor allem darüber klar sein, daß die Bodenanalyse für verschiedene Bodenarten nicht die gleiche Bedeutung hat. Insbesondere ist Fruchtbarkeit oder Unfruchtbarkeit eines Bodens nicht endgültig durch die Analyse bestimmt. Bei Moorböden ist die Fruchtbarkeit vorherrschend bedingt durch den Gehalt an Nährstoffen, die Bodenanalyse ist also in diesem Falle maßgebend für die Beurteilung der Fruchtbarkeit. Für Sandböden gilt das gleiche, doch nicht in so ausschließlichem Maße. Für schwerere Böden liegen die Verhältnisse hinsichtlich der Beurteilung der Fruchtbarkeit weit schlechter; hier hat eine Beurteilung auch erheblich die physikalischen Bodeneigenschaften zu berücksichtigen.

d) Bodenprofile.

Es ist hier der Ort, einige Bemerkungen über Bodenprofile anzuknüpfen.

Gewachsener Boden zeigt oft ganz erhebliche Unterschiede in der Zusammensetzung. Durchweg einheitliche Böden sind z. B. diejenigen der Talsande, der Schwarzerden usw. Die Unterschiede in der Zusammensetzung gewachsener Böden erstrecken sich in horizontaler und vertikaler Richtung. Namentlich der Wechsel in vertikaler Richtung ist für die Pflanzenwelt von Bedeutung; besteht das Bodenprofil, die Schichtenfolge des Bodens, aus mehreren dünnen Lagen von recht verschiedener Beschaffenheit, so ist das für das Fortkommen der Pflanzenwurzeln von Wichtigkeit, auftretende Spalten erschließen tiefere Schichten usw.

In vielen Böden, wenn nicht den meisten, lassen sich also derartige Bodenprofile feststellen, was durch Einschläge oder Bohrungen erreicht wird (vgl. S. 87). Häufig genügen auch schon die Beobachtungen an Grabenwänden, Wegeeinschnitten, Lehmgruben usw., um das Bodenprofil zusammenzustellen.

Die bearbeiteten Böden tragen zuoberst die Ackerkrume. Es ist das die regelmäßig umgebrochene Schicht, die sich durch gleichmäßige Lagerung und gleichmäßigen Humusgehalt i. a. deutlich vom Unterboden, der sog. Pflugsohle, unterscheidet. Diese ist dicht gelagert und enthält Konkretionen von Eisen, Ton und Humusniederschlägen, die die Bodenteile verdichten.

Der gewachsene Boden läßt drei Bodenschichten von wechselnder Mächtigkeit deutlich erkennen. Die oberste Schicht bezeichnet man als Oberboden (Dammerde, Muttererde usw.), sie ist durch beigemengten Humus gefärbt. In ihr sind die Verwitterungsvorgänge vorwiegend zum Abschluß gekommen. Stets ist sie an unlöslichen Mineralstoffen ärmer als der unterlagernde Boden. Im Oberboden spielen sich die wichtigsten biologischen Vorgänge ab, hier hat Tierleben und niederes Pflanzenleben die Hauptverbreitung.

Unter dem Oberboden, der vielfach mit der Ackerkrume zusammenfällt, folgt der Unterboden. In ihm herrschen braune oder rote Farben vor, die hervorgerufen werden durch Eisenoxyd und Eisenhydroxyd. Die Lagerung ist hier dichter als im Oberboden und der Verwitterungsprozeß ist hier im vollsten Gange. Unlösliche Mineralien werden hier aufgeschlossen und zersetzt und daher ist diese Schicht die reichste an löslichen Mineralstoffen.

Die unterste Schicht ist der Untergrund oder Rohboden. In ihr stehen die Verwitterungsprozesse erst im Anfangsstadium. Handelt es sich um anstehende Felsmassen, so sind diese wohl schon stark zerfallen, aber noch wenig zersetzt; der Rohboden ist daher stets reich an aufschließbaren Bestandteilen.

Diese Dreiteilung des Bodens läßt sich in humiden Gebieten im allgemeinen gut beobachten. Lokale Abweichungen, wie völliges Fehlen einer Schicht, sind durchaus möglich. Alles, was unter dem Rohboden liegt, bezeichnet man als tieferen Untergrund, dessen Beginn dort, wo Felsmassen in geringer Tiefe anstehen, leicht kenntlich ist; in einheitlichen Sandböden von großer Mächtigkeit läßt sich aber häufig die Grenze zwischen beiden nicht festlegen.

In diesem Zusammenhange bedarf der Begriff der Gründigkeit noch einer kurzen Erläuterung. Man versteht darunter die Bodenschicht, die von Pflanzenwurzeln noch durchdrungen werden kann, und unterscheidet:

sehr flachgründig, bis zu 0,15 m;
flachgründig, 0,15—0,30 m;
mittelgründig, 0,30—0,60 m;
tiefgründig, 0,60—1,00 m;
sehr tiefgründig, über 1,00 m.

e) Kurzer Abriß der Bodenchemie.

α) Einzelne Stoffe.

Von besonderer Wichtigkeit für die Praxis ist die Reaktion der Böden und nicht mit Unrecht legt der Praktiker Wert auf die Kenntnis der Bodenreaktion. Diese Reaktion wird vor allem durch die im Boden vorhandenen Humusstoffe hervorgerufen; diese röten blauen Lackmus und man bezeichnet daher derartige Böden als saure Böden. Aber, wie neuere Untersuchungen ergeben haben, röten auch völlig humusfreie Böden den blauen Lackmusfarbstoff, besonders gilt das für Tonböden. Die Erklärung für diese Erscheinung ist darin zu sehen, daß die Tonböden auf den Lackmus reagieren, weil sie die vorhandenen Basen absorbieren und dadurch deren Säuren frei machen. Absorptiv gesättigte Böden zeigen keine saure Reaktion.

Bei absorptiv gesättigten Böden ist die absorbierende Fähigkeit durch Basen ausgeglichen. Im besonderen unterscheidet man hier neutral reagierende Böden von im allgemeinen geringer Beständigkeit und alkalische Böden, die infolge ihres Gehaltes an Kalk- oder Ammoniumkarbonat alkalisch reagieren. Hierher sind zu rechnen die meisten Böden arider Gebiete sowie eine Reihe von Arten guter Ackerböden.

Absorptiv ungesättigte oder saure Böden sind reich an Humus oder kolloidem Ton und sind charakteristisch für humide Gebiete; sie röten blaues Lackmuspapier. —

Über die eigentlichen chemischen Bestandteile ist folgendes anzumerken:

1. **Kieselsäure und Silikate.** Wie wir bereits wissen, sind die Hauptbestandteile fast aller Böden Kieselsäure und Silikate. Die Kieselsäure ist vorwiegend in Gestalt des Quarzes vertreten, der so gut wie gar nicht verwittert. Die übrigen Silikate werden leichter zersetzt, vor allem bei Anwesenheit von Natriumkarbonat. Durch die Verwitterung bilden sich kolloide Kieselsäuren, die zum geringeren Teile mit anderen Verwitterungsprodukten reagieren, zum größeren Teile aber dem Meere zugeführt werden. In Gebieten der Laterit-, Ton- und Kaolinverwitterung handelt es sich dabei um ganz erhebliche Mengen fortgeführter Kieselsäure. Häufig sind in Böden amorphe, farblose, gallertartige Massen, die sich durch Fuchsin stark färben lassen; diese Kolloide sind das Kieselsäure-

Gel. Konkretionen von Kieselsäure-Gel, Opal, scheinen der Zone der Tiefenverwitterung anzugehören, in den Zonen der Oberflächenverwitterung fehlen sie.

Was die amorphen wasserhaltigen Doppelsilikate (= Verbindungen mit Tonerde und Eisenoxyd sowie Alkalien oder alkalischen Erden) des Bodens anlangt, so haben die Untersuchungen von Gans ergeben, daß die Verbindungen der Alkalien (K, Na) schleimig, die des Kalziums feinpulvrig sind.

2. **Kaolin-Gel.** Dieses wichtige wasserhaltige Silikat von kolloider Form hat dieselbe chemische Zusammensetzung wie der Kaolinit (vgl. S. 16), $H_2Al_2Si_2O_8 . H_2O$, ist also eine Aluminiumkieselsäure. Konkretionen dieses Silikates sind vermutlich Allophan usw., die dem Boden fehlen. Das Kaolin-Gel absorbiert infolge seiner großen Oberfläche lebhaft basische Stoffe.

Die kolloiden Silikate des Bodens sind nach den Untersuchungen von Gans Stoffe, in denen sehr verschiedene, bisher nicht trennbare Verbindungen vorhanden sind; sie sind als Kolloidkomplexe anzusehen.

3. **Eisenoxyd.** Dieses ist im Boden in Gestalt des Hydrates $Fe(OH)_3$ sehr verbreitet. Das wasserfreie Eisenoxyd ist unter den herrschenden Druck- und Temperaturverhältnissen nicht haltbar, da es durch Wasseraufnahme leicht in das Hydrat übergeht:

$$Fe_2O_3 + 3H_2O = 2Fe(OH)_3.$$

Nach van Bemmelen ist dieses Ferrihydrat ein nicht stabiles Kolloid.

Die Eisenverbindungen sind diejenigen Bestandteile, die die Böden charakteristisch braun oder gelb (Braun- und Gelberden, vgl. S. 139) färben. Auch Eisenoxyd-Silikate scheinen sich an dieser Bodenfärbung zu beteiligen. Trockene Eisenoxydhydrate sind staubige nicht bindende Pulver und es ist daher merkwürdig, daß im allgemeinen die Bindigkeit der Böden mit dem Gehalt an Eisenoxyd steigt.

Eisenhydroxyd wirkt stark absorbierend auf Metalle (Kali, Kalk) und verbindet sich mit Mineralsäuren, vor allem Phosphorsäure. Es absorbiert ferner beträchtlich Gase, namentlich Kohlenstoff und Stickstoff; dadurch wird das Eisenhydroxyd zum Überträger der Kohlensäure.

3. **Aluminium und Tonerde.** Tonerde bzw. Tonerde-

hydrat ist in allen absorptiv gesättigten Böden ein sehr stabiler Bestandteil der Mineralien und Gesteine. In absorptiv ungesättigten, besonders humosen Böden, wird es durch organische Kolloide beweglich gemacht. Das kolloide Tonerdehydrat geht ziemlich leicht in die kristalline Form des Hydrargillits $Al_2O_3 . H_2O$ über. Dieses Mineral findet sich daher besonders in solchen Böden, die reich an freier Tonerde sind (Laterit); in den Böden der gemäßigten und kalten Zone fehlt freie Tonerde oder ist nur in geringen Mengen vorhanden.

4. **Mangan.** Über das Verhalten des Mangans im Boden sowie über sein Vorkommen ist bisher nicht viel bekannt. Es scheint im Boden als Manganoxydul MnO in Silikaten und Karbonaten vorzukommen.

5. **Magnesium.** Ebensowenig sind wir bisher über die Verbindungen des Magnesiums mit Kieselsäure unterrichtet. Über sein Vorkommen als Karbonat, Dolomit oder dolomitischer Kalk vgl. S. 17 f.).

6. **Kalzium.** Dieses findet sich einmal als Kalziumsulfat oder Gips, $CaSO_4 . 2H_2O$ häufig im Boden und ist dann der Träger der Schwefelsäure. Ferner tritt es als Silikat in wechselnder Menge in jedem Boden auf. Am wichtigsten und einer der bedeutendsten Bestandteile der Böden ist das Kalkkarbonat $CaCO_3$. Böden, die Kalziumkarbonat enthalten, sind absorptiv gesättigt. Boden, der arm an Kalkkarbonat ist, wird durch entsprechend zugeführte Mengen von Kalkkarbonat absorptiv gesättigt und bleibt es selbst dann, wenn das Gleichgewicht durch Auswaschung und andere Prozesse gestört wird. Hiermit im Zusammenhange steht der große Einfluß des Kalkkarbonates auf die Krümelung des Bodens. Kalziumkarbonat, das der beweglichste Bestandteil des Bodens ist, verhindert im Boden die Beweglichkeit des Eisens. Große Mengen von Kalk werden durch Humusstoffe absorbiert. In dem Verhalten des Kalziumkarbonates ist es auch begründet, daß viele Düngerarten erst dann den Boden vorteilhaft beeinflussen, wenn genügend Kalk im Boden vorhanden ist.

Hinsichtlich des Kalkgehaltes der Böden läßt sich sagen, daß alle Böden arider Gebiete kalkhaltig sind. In den Böden der humiden Gebiete ist der Kalk oft ausgewaschen. Im einzelnen kann natürlich der Kalkgehalt der Böden erheblich schwanken.

7. **Kalium.** Dieses ist vor allem in einer Reihe bodenbildender Silikate (z. B. Kalifeldspäte und Glimmer, vgl. S. 10f.) enthalten, doch ist es hier fest gebunden. Leicht löslich ist es in wasserhaltigen Silikaten. Die Löslichkeit der Kaliverbindungen eines Bodens ist gering; daß es trotzdem den erheblichen Kalibedarf der Pflanzen befriedigt, hat darin seinen Grund, daß nach Aufnahme der gelösten Menge Kali sofort absorbiertes Kalium wieder löslich wird. In sauren Böden, die reich sind an nicht gesättigten Humusstoffen, ist das Verhalten des Kaliums anders. Im Humus und in Pflanzenteilen ist Kali so fest absorbiert, daß starke Säuren es nicht zu lösen vermögen. Hingegen läßt sich z. B. aus Hochmoortorf das Kali leicht durch viel Wasser auswaschen.

8. **Natrium.** Natrium ist in vielen Silikaten (z. B. Albit, Nephelin) enthalten und gelangt aus ihnen durch die Verwitterung in den Boden als Natronsilikate; über diese ist jedoch nichts bekannt. Außerdem kommt Natrium im Boden als Chlornatrium, $NaCl$, in ariden Gebieten auch als Natriumsulfat, $Na_2SO_4 \cdot 10H_2O$, Natriumkarbonat, $Na_2CO_3 \cdot 10H_2O$ vor.

Von einiger Bedeutung für die Bodenbeschaffenheit ist ein Gehalt von Natriumkarbonat oder Soda. Schon ein geringer Gehalt hat einen erheblichen Einfluß. Soda verhindert nämlich schon in geringer Menge die Ausflockung von Kolloiden und infolgedessen die Krümelbildung. Humusstoffe werden unter dem Einfluß von Soda kolloid löslich. Soda entsteht im Boden vor allem aus Chilesalpeter; seine Salpetersäure wird von den Pflanzen aufgenommen, das übrigbleibende Natrium verbindet sich mit Kohlensäure zu Soda.

β) Die Bodensäuren.

1. **Phosphorsäure.** Über das Vorkommen der Phosphorsäure im Boden sind wir am genauesten unterrichtet. In humiden Gebieten ist die Hauptmenge der Phosphorsäure in den feinerdigen Teilen des Bodens vorhanden, doch ist im allgemeinen die Verteilung in den einzelnen Bodenschichten recht ungleichmäßig. Hinsichtlich der Löslichkeit ist zu bemerken, daß die Phosphorsäure in tieferen Schichten weniger leicht löslich ist als in den oberen.

Die Quelle der Phosphorsäure im Boden ist der Apatit (vgl. S. 18), der im Wasser im Verhältnis 1 : 500 000, in CO_2-haltigen Wässern im Verhältnis 1 : 100 000 löslich ist. Die als Dünger verwendeten Kalkphosphate (z. B. das Superphosphat) sind leicht hydrolysierbare Verbindungen, die in Hydrogele übergehen. Die Hauptmenge der Phosphorsäure im Boden ist vornehmlich an Eisenoxyd gebunden. Die Art des Vorkommens derartiger Eisenoxydphosphate im Boden ist noch nicht bekannt; bekannt ist nur, daß einige dieser Salze leicht löslich sind, andere wenigstens in den Lösungsmitteln des Bodens unlöslich sind.

Die Phosphorsäure hat im Boden nur geringe Löslichkeit, nach Schlösing 0,1—0,3 mg in 1 Liter Wasser. Die Anwesenheit von kolloid gelösten Humusstoffen macht die Phosphate löslich und auswaschbar, was übrigens durch die Erfahrung bestätigt wird, daß saure Böden meist arm an Phosphorsäure sind; das trifft z. B. für die Bleicherden der humiden Gebiete zu.

2. **Chlor.** Dieses ist in allen Böden in wechselnden Mengen enthalten; ebenso haben alle Flüsse einen geringen Chlorgehalt. Das in Gesteinen vorkommende Chlor wird durch die Verwitterung löslich. Bemerkenswert ist das Verhalten der Chlorsalze in ariden und humiden Gebieten. In ersteren werden die Salze nicht ausgewaschen, die Folge ist Versalzung des Bodens. In humiden Gegenden wird salzreicher Boden in wenigen Jahren ausgesüßt, wie man es z. B. an eingepolderten Marschländereien beobachten kann.

3. **Schwefel.** Über den Ursprung des Schwefels im Boden sind wir nur schlecht unterrichtet. Problematisch ist daher auch die Herkunft der großen Mengen von Schwefelsäure in Natriumsulfat- und Magnesiumsulfatböden. Die Gesteine selbst haben einen sehr geringen Gehalt an Schwefel, kommen jedoch größere Mengen von Schwefelkies vor, so kann der Schwefelgehalt beträchtlich sein. Die Schwefelsäure der Böden stammt z. T. aus den Salzen des Meerwassers, z. T. aus der schwefligen Säure der vulkanischen Exhalationen. Auch die beim Verbrennen von Kohlen entstehenden großen Mengen von schwefliger Säure sind eine Quelle der Schwefelsäure des Bodens. Schwefel wird bei der Verwesung organischer Verbindungen in Schwefelsäure übergeführt.

4. **Stickstoff.** Über den Gehalt des Bodens an Stickstoff sind wir gut unterrichtet, doch stehen wir hinsichtlich der Frage der Aufnahme und Neubildung des Stickstoffes und seiner Umsetzungen im Boden erst im Anfange unserer Kenntnisse. Erfahrungsgemäß geht der Gehalt an Stickstoff in gleichartigen Böden der Humusmenge parallel. Stickstoff ent-

steht im Boden durch die Zersetzung stickstoffhaltiger Kohlenstoffverbindungen. Diese Zersetzung ist, wie wir wissen, (vgl. S. 69) eine Folge von Bakterien und auch Fadenpilzen, die den organischen Stickstoff in Ammonium umwandeln. Die Umsetzung des Ammoniaks in salpetrige und Salpetersäure wird ebenfalls durch Bakterien bewirkt (vgl. S. 69).

Von den Verbindungen des Stickstoffes ist für den Boden die Salpetersäure am wichtigsten. Salpetersäure wird von Pflanzen rasch aufgenommen, daher zeigen die gewachsenen, pflanzenbestandenen Höhen der gemäßigten humiden Gebiete keine oder nur eine geringe Reaktion auf Salpetersäure. Salpetersäure wird leicht ausgewaschen, in ariden Gebieten sammelt sie sich gelegentlich örtlich an und bildet dann einen Teil der ausblühenden Salze.

f) Bodentätigkeit und Fruchtbarkeit.

Die Zersetzung und Verwesung der in und auf dem Boden befindlichen organischen Reste ist, wie wir bereits oben (S. 69) sahen, wesentlich von dem Vorhandensein von Bodenbakterien abhängig. Deren Lebenstätigkeit wird nun auch von der Art des Bodens beeinflußt, und zwar ist hier die Sachlage die, daß in unseren Breiten wasserreiche und nährstoffarme, besonders sauer reagierende Böden ungünstig, nährstoffreiche und sich leicht erwärmende Böden (besonders mit $CaCO_3$-Gehalt) günstig für die Verwesung sind. Der Verwesungsprozeß ist somit auch von den Eigenschaften des Bodens abhängig und wir verstehen dementsprechend unter Bodentätigkeit den Einfluß der Bodeneigenschaften auf die Verwesung. Die so verstandene Bodentätigkeit kann naturgemäß verschieden stark sein; Klima und Höhenlage des Bodens spielen dabei eine nicht unwesentliche Rolle. Immerhin aber ist es möglich, auf die verschiedene Stärke der Bodentätigkeit eine Einteilung der Böden zu gründen:

1. Untätige oder träge Böden, z. B. Tonböden. In ihnen geht der Zersetzungsprozeß recht langsam vor sich.

2. Wenig tätige Böden. Hierher gehören gewisse nährstoffarme schwere Böden, ferner feuchte, sauer reagierende Sandböden (Heideböden).

3. Tätige Böden. Zu ihnen gehört die große Zahl aller Böden.

4. Hitzige Böden, z. B. Sandböden, die sich rasch erwärmen, ferner Kalkböden. Der Verwesungsprozeß verläuft hier rasch.

Der bereits vorhin genannte Begriff der Fruchtbarkeit entbehrt, genau gesehen, eines exakten Maßstabes. Das hat seinen Grund darin, daß die Faktoren, die diesen Begriff bestimmen, nicht nur selbst sehr verschieden sein können, sondern auch durch Höhenlage und Klima stark beeinflußt werden. Genau so steht es um die häufig gebrauchte Bezeichnung „Bodenkraft", während der Begriff „Ertragsvermögen" zwar den beiden genannten sehr ähnelt, aber doch auch wieder etwas anderes bezeichnet. Hinsichtlich dessen, was wir unter diesen dreien, teils ineinander übergehenden, teils voneinander verschiedenen Begriffen verstehen wollen, schließen wir uns den klaren Definitionen des Altmeisters Ramann[1]) an:

Bodenkraft ist die Summe aller chemischen und physikalischen Eigenschaften des Bodens.

Fruchtbarkeit ist die Beziehung zwischen Bodenkraft und Entwicklung der Pflanzen.

Ertragsvermögen ist die Beziehung zwischen Fruchtbarkeit und klimatischen Faktoren in ihrer Wirkung auf Pflanzengruppen oder einzelne Pflanzenarten.

II. Struktur des Bodens.

a) Krümelstruktur und Krümelbildung.

Was wir als Krümel des Bodens bezeichnen, sind die mehr oder weniger zu Aggregaten vereinigten Bodenteilchen. Krümel sind also schon etwas aus kleineren Einheiten Zusammengesetztes und es ist demnach die Form der einzelnen Körner (Einzelkornstruktur) und die Struktur der Krümel (Krümelstruktur) zu unterscheiden. Einzelkornstruktur kann z. B. sowohl Sandboden wie Tonboden besitzen, aber dennoch besteht ein großer Unterschied zwischen beiden Bodenarten, der vom physikalischen Standpunkt aus gesehen, in folgendem deutlich wird. Im Sandboden liegen die einzelnen Sandkörner (wenn sie trocken sind) lose, ohne jeden Zusammenhang, nebeneinander; im Tonboden sind die einzelnen Teilchen erheblich aneinander gefesselt, die der mechanischen Trennung

---

[1]) E. Ramann, Bodenkunde. 3. Aufl. 1911. Julius Springer, Berlin. S. 278.

einen Widerstand entgegensetzen. Diese darin zum Ausdruck kommende Anziehungskraft nennt man Kohärenz. Bei beiden Bodenarten kann die Einzelkornstruktur in Krümelstruktur übergehen. Sandboden erhält Krümelstruktur, wenn die Sandkörner durch bindende Stoffe miteinander verkittet werden, was z. B. durch Ton, Kieselsäure, Humus, Kalk oder Wasser geschehen kann. Tonboden erhält Krümelstruktur, wenn auf irgendeine Art der gleichmäßige Zusammenhang der Masse gelockert und dadurch die Bildung einzelner in sich fest gefügter, aber lose nebeneinander liegender Bodenteilchengruppen herbeigeführt wird. So wird die Kohärenz des Sandbodens vermehrt, die des Tonbodens vermindert.

Dieser Vorgang der Überführung der Einzelkornstruktur in Krümelstruktur ist nun für die landwirtschaftliche Nutzung des Bodens von größter Bedeutung. Denn ein Boden mit Krümelstruktur erleichtert infolge seiner größeren Porosität das Eindringen und das Wachstum der Pflanzenwurzeln sowie die Bearbeitung mit landwirtschaftlichen Geräten, und verhindert Krustenbildung und Rissigwerden der tonreichen Böden. Platzregen und Hagelfälle beeinflussen die Krümelstruktur recht ungünstig, der starke Druck der auffallenden Regentropfen oder Hagelkörner zerstört die Krümel und verschlämmt den Boden.

Mit der Krümelbildung werden wir uns bei der Besprechung der sog. Bodengare (siehe S. 98) noch näher zu befassen haben. Hier seien zunächst noch einige Bemerkungen über die Ursachen der Krümelbildung angeknüpft.

Krümelstruktur ist das Erzeugnis mehrerer im Boden wirkender Faktoren. In der Hauptsache sind das 1. der Gehalt an löslichen Salzen; 2. die Tätigkeit der Tierwelt; 3. die Durchwurzelung des Bodens durch Pflanzen; 4. die Volumveränderung des Bodens durch physikalische Vorgänge; 5. die mechanische Bearbeitung der Böden.

Was zunächst den ersten Faktor anlangt, so ist hier zu vermerken, daß die löslichen Salze hauptsächlich die Krümelung erhalten. Dieser Vorgang beruht auf der Elektrolytwirkung der Salze, die z. B. flockend auf Tonteilchen einwirken [1]). Besonders

[1]) Schlämmt man z. B. Ton mit reinem salzfreien Wasser auf, so entsteht eine trübe Flüssigkeit, die auch nach noch so langem Stehen nicht klar wird. Bringt man in diese Flüssigkeit lösliche Salze, so lagern sich die bisher gleichmäßig verteilten Tonteilchen zusammen, sie bilden Flocken, die dann rasch auf den Boden sinken. Dadurch wird die Flüssigkeit ganz klar.

stark wirken Kalk- und Magnesiasalze, sehr verdünnte Lösungen wirken überhaupt nicht oder nur sehr langsam. Eine Flockung dieser Art rufen nun auch die als Düngemittel benutzten Salze im Ackerboden hervor und erzeugen dadurch eine Krümelung des Bodens, die man als Boden- oder Ackergare bezeichnet.

Über die Einwirkung der Tierwelt auf den Boden, die besonders beim Regenwurm infolge seiner klebrigen Abscheidungen zur Krümelung führt, ist bereits S. 70 das Nähere ausgeführt.

Pflanzenwurzeln bewirken eine Krümelung des Bodens, vor allem mechanisch beim Eindringen in den Boden, dann durch die Volumänderungen, die beim Absterben und Verwesen entstehen, und schließlich durch die Wirkung bei stärkerer Luftbewegung.

Was den vierten und fünften Punkt anlangt, so ist ja ohne weiteres klar, daß jede Bearbeitung des Bodens auch dessen Lockerung und Krümelbildung fördert. Von den rein physikalischen Faktoren, die ebenfalls den Boden „bearbeiten", sind die Volumänderungen bei wechselndem Wassergehalt und die Wirkung des Frostes zu nennen.

Aufs ganze gesehen ist also die Krümelbildung des Ackerbodens nicht nur eine recht vorteilhafte Bodeneigenschaft, sondern für den Landwirt auch ein erstrebenswertes Ziel. Denn sie erleichtert das Eindringen des Wassers, setzt aber andererseits die Wasserverdunstung erheblich herab; ferner werden durch die Krümelbildung die feinkörnigen und sehr humosen Bodenarten vor Übermaß an Wasser geschützt und die Bodendurchlüftung gesteigert.

b) Bodengare.

Die Bodengare ist, wenn man will, ein besonderer Fall der Krümelbildung. Ein Boden, der gar ist, hat etwa folgende Beschaffenheit: die Bodenteilchen sind weder zu dicht noch zu locker gelagert, wodurch die Luft- und Wasserbewegung günstig beeinflußt wird. Unzersetzte Pflanzenreste sind entweder gar nicht oder nur in geringer Menge vorhanden. Der Humus der oberen Bodenschicht stammt von den Rückständen der Ernte (Stoppeln bei Getreidefeldern). Charakteristisch ist ein typischer Erdgeruch, der sich nach langer Winterruhe oder bei Regen nach längerer Trockenheit bemerkbar macht und von einem Spaltpilz (Cladothrix odorifera) herrührt, der sich gerade nach Niederschlägen in dem feuchtwarmen Boden rapide entwickelt. Garer Boden besitzt eine gewisse Elastizität, und erlangt dadurch in gewisser Weise die Eigenschaften eines Teppichs. Endlich ist der mittlere Feuchtigkeitsgehalt des garen Bodens der Durchlüftung günstig.

Garer Boden wird zum wesentlichen Teile durch Bodenbakterien und durch die Bodenkolloide erzeugt. In vielen Gegenden unterstützt man die Bildung garen Bodens (besonders auf tonreichen Böden) durch die Methode der Brache. Hierbei verzichtet man entweder auf einen ganzen Jahresertrag des betreffenden Ackerstückes (Vollbrache), oder beläßt es, nachdem die Weide oder der Kleeacker umgepflügt sind, ohne Sommerfrucht, oder aber man bearbeitet es nach der Ernte der Sommerfrucht während des Winters und läßt es dann unbestellt (Halbbrache).

Durch dieses Verfahren wird das Unkraut wirksam bekämpft, der Bodenwassergehalt geschont, die Durchlüftung gefördert und damit auf die Entwicklung der sauerstoffliebenden Bakterien günstig eingewirkt. Freilich steht auf der anderen Seite der Verzicht auf den Ernteertrag des brachliegenden Ackerstückes, und es wäre eine interessante praktische Frage, ob sich bei dieser Brachfeldmethode Gewinn und Verlust gleich sind oder letzterer den Gewinn übersteigt. Die Gefahr besteht, daß die Beantwortung im letzten Sinne erfolgen wird und deshalb erscheint die Brachfeldmethode nur als eine Art Notbehelf, die allenfalls nur auf besonders schweren Böden anzuwenden ist.

III. Der Boden und das Wasser.

a) Vorbemerkung.

Ehe wir auf das Verhalten des Bodens zum Wasser in einzelnen Punkten näher eingehen, sei einiges über die Eigenschaften des Wassers hier angefügt.

Wasser, H_2O, ist eine Flüssigkeit, deren Erstarrungspunkt der Gefrier- oder Nullpunkt (0° Celsius) ist, deren Siedepunkt bei 760 mm Quecksilberdruck bei 100° Celsius liegt. Das Wasser in reinem Zustande ist in dünnen Schichten farblos, in dickeren schwach bläulich oder grünlich. Gelöste humose Stoffe erzeugen eine gelbliche, bräunliche oder schwärzliche Farbe (z. B. das Wasser der Moore). Vom Standpunkt der Bodenkunde aus interessieren vor allem folgende Eigenschaften des Wassers.

1. Wasser spaltet Salze, Säuren und Alkalien mehr oder weniger in Ionen.

2. Wasser hat die höchste Wärmekapazität. Sie wird gleich 1 gesetzt.

3. Die Wärmeleitfähigkeit des Wassers ist gering = 0,0745.

4. Die größte Dichte hat Wasser bei 4° C.; oberhalb und unterhalb dieser Temperatur dehnt sich Wasser aus (Eis, Wasserdampf) (vgl. S. 48 f.).

5. Wasser nimmt je nach Temperatur und Druck wechselnde Mengen von Gasen auf.

b) Wasserkapazität des Bodens.

Eine bestimmte Menge Boden werde in Wasser völlig eingetaucht. Dann saugt sich diese Bodenmenge mit Wasser voll, und das Wasser erfüllt die Porenhohlräume soweit sie nicht mit Luft erfüllt sind. Nimmt man die Bodenmenge wieder aus dem Wasser heraus, so läuft einiges Wasser ab, aber nicht alles. Ein Teil wird in den Poren zurückgehalten und dessen Menge hängt ab von der Beschaffenheit des Bodens. Diese wasserhaltende Kraft des Bodens nennt man die Wasserkapazität. Sie wird gemessen durch diejenige Wassermenge, die 100 Gewichtsteile des trocken gedachten Bodens oder 100 Raumteile Boden aufspeichern können.

Die Kräfte, die dabei das Wasser im Boden zurückhalten, sind Adhäsion und Kapillarität. Erstere wird bedingt durch die Anziehung der benetzbaren Körper und ist abhängig von der Größe der Oberfläche. Die Kapillarität wird nur durch die im Wasser wirkenden Anziehungskräfte beeinflußt und wirkt überall da, wo sich zwei Bodenbestandteile berühren und kapillar wirkende Hohlräume bilden. Demnach ist der Boden nichts anderes als ein mehr oder weniger zusammenhängendes Netz von Kapillaren. Die Größe dieser Kapillaren hängt von der Korngröße des betreffenden Bodens ab.

Insbesondere ist die Wasserkapazität abhängig von der Korngröße der Bodenbestandteile. Durch Krümelung und damit verbundener Lockerung des Bodens wird die Wasserkapazität sehr vermindert. Steine im Boden setzen ebenfalls die Wasserkapazität herab.

c) Kapillare Wasserleitung.

Die Kapillarhohlräume des Bodens haben eine große Bedeutung für die Wasserbewegung im Boden. Die Tätigkeit dieser Hohlräume wirkt vor allem auf einen Ausgleich des Wassergehaltes der tieferen wasserreicheren und der oberen wasserärmeren Schichten. Auf dieser Tätigkeit beruht es, daß der Boden im allgemeinen unter längerer Trockenheit nicht so zu leiden hat, wie man annehmen möchte. Diese kapillare Wasserleitung scheint aber erst zu beginnen, wenn der Wassergehalt der tieferen Schichten die Hälfte ihrer Wasserkapazität übersteigt; sie ist um so lebhafter, je größer der Wassergehalt dieser Schichten ist.

Zwischen der Schnelligkeit des kapillaren Wasseraufstieges und der Höhe, bis zu der die kapillare Hebung erfolgt, besteht die Beziehung, daß, je weiter die Kapillarräume sind, desto schneller aber um so weniger hoch in ihnen das Wasser steigt und umgekehrt. In groben Sandböden geht der Aufstieg schnell, aber nur bis zu geringer Höhe vor sich. Bei 2 mm Korngröße hört nach Ramann der kapillare Aufstieg überhaupt auf. Je feinkörniger also ein Boden ist, desto geringer ist die Aufstiegsgeschwindigkeit, aber um so größer die Aufstiegshöhe. Wird der Boden gelockert, so werden die Kapillarhohlräume erweitert oder zerstört; in beiden Fällen wird das Aufsteigen des Wassers vermindert. Wird lockerer Boden festgewalzt, so wird dadurch ein langsameres, aber um so höheres Aufsteigen des Wassers bewirkt.

d) Wasserdurchlässigkeit und Bodenwasser.

Als Wasserdurchlässigkeit bezeichnen wir die Fähigkeit des Bodens, das in den Boden eintretende Wasser weiterzuleiten. Das Wasser stammt entweder aus den atmosphärischen Niederschlägen oder gelangt von höheren Stellen aus in den Boden. Die Bewegungsrichtung dieses Wassers ist derjenigen der kapillaren Wasserleitung entgegengesetzt. Der kapillare Wasseraufstieg erfolgt gegen die Richtung der Schwerkraft, während das Eindringen des Wassers unter dem Einfluß der Schwerkraft steht. Die Durchlässigkeit ist nun um so größer, je weiter die Poren des Bodens sind. So wird die Wasserdurchlässigkeit erhöht durch grobkörnige Beschaffenheit, Krümelung und mechanische Auflockerung des Bodens; ebenso wirkt das Eindringen von Tieren (Regenwürmer, Mäuse) und

Pflanzenwurzeln in den Boden. Andererseits wird die Wasserdurchlässigkeit eingeschränkt oder ganz verhindert durch sehr kleine Größe der Bodenpartikel, z. B. bei Tonboden; daher ist Ton unter wasserdurchlässigen Schichten stets der Wasserträger, was u. a. für die Anlage von Brunnen wichtig ist. Dasselbe wird durch reichliche Beimischung von kolloidalen Stoffen und Humuskörpern oder durch Bindemittel, die die Bodenkörner fest miteinander verkitten (Raseneisenstein, Ortstein), erreicht.

Eine eigentümliche Beobachtung kann man häufig auf trockenen Sandböden machen. An sich ist Sandboden ja wasserdurchlässig, aber lange Trockenheit bewirkt ein völliges Abtrocknen der Oberfläche der Bodenpartikel. Und man kann nun häufig beobachten, daß sich auf solchen Böden nach Regen in Vertiefungen größere Wassermengen angesammelt haben. Diese Erscheinung des Nichteindringens von Wasser in trockene Sandböden ist z. T. dadurch bedingt, daß trockene Bodenpartikel ihrer Benetzung mit Wasser widerstehen, z. T. auch dadurch, daß die in den Bodenkapillaren enthaltene Luft das Eindringen des Wassers verhindert. Deshalb sind derartige Sandböden trotz des auf ihnen befindlichen Wassers in einer Tiefe von 0,5—1 cm doch völlig trocken.

Der durchschnittliche Feuchtigkeitsgehalt der Böden gibt nun auch einen Maßstab zu ihrer Gliederung. Man unterscheidet:

Nasse Böden sind solche, bei denen in geringer Tiefe Grundwasser ansteht. Der Boden ist derartig mit Wasser durchtränkt, daß es bei Entnahme von Bodenproben aus diesen selbst abfließt. Im Frühling, der wasserreichsten Zeit des Jahres (also nach der Schneeschmelze), sind derartige Böden meist mit Wasser bedeckt.

Feuchter Boden gibt, wenn man ihn zusammendrückt, noch Wasser ab.

Frischer Boden hat mäßigen Wassergehalt, der sich darin äußert, daß die Bodenteile infolge der vorhandenen Feuchtigkeit geringen Zusammenhalt zeigen.

Trockner Boden läßt kaum einen Wassergehalt erkennen. Hierher gehören die Sandböden.

Dürre Böden haben überhaupt kein merkbares flüssiges Wasser.

e) Grundwasser.

Das Wasser der Niederschläge (Regen, Schnee) sickert, soweit es nicht oberflächlich wieder abfließt, in den Boden und dringt dabei soweit ein, bis es auf eine undurchlässige Schicht trifft, die das weitere Eindringen verhindert. Hier sammelt sich das Wasser an und man bezeichnet es als Grundwasser. In regenreichen Gebieten liegt der Spiegel des Grundwassers kaum ein oder einige Meter unter der Oberfläche, in Trockengebieten und stark durchlässigen Schichten dagegen mitunter erst in 50, 100 oder mehr Meter Tiefe.

Die Bewegung des Grundwassers erfolgt nach denselben Gesetzen wie die des Oberflächenwassers. Die Geschwindigkeit des Grundwasserstromes ist aber erheblich kleiner als die des Oberflächenwassers. Und das hat darin seinen Grund, daß das Wasser beim Hindurchgang durch die Zwischenräume zwischen den kleinsten Gesteinsteilchen starke Reibung erleidet. Durchweg braucht das Grundwasser erheblich mehr Zeit, um eine Strecke zurückzulegen, die das Oberflächenwasser in einer Sekunde zurücklegt (z. B. braucht das Grundwasser für 2—3 m eine Stunde).

Der Spiegel des Grundwassers schließt sich im allgemeinen der Gestalt des Geländes an; doch sind seine Wellenberge und -täler flacher als die der Oberfläche. Mit Annäherung an einen Taleinschnitt senkt sich der Grundwasserspiegel nach ihm hin (Abb. 34).

Von Wichtigkeit sind die Schwankungen des Grundwassers. Dabei ist zunächst zu beachten, daß der Grundwasserstand von den Niederschlagsmengen und von der Einwirkung der Verdunstung abhängig ist. Letztere unterliegt dem Einfluß der direkten Wasserabgabe des Bodens an die Luft, noch mehr verantwortlich dafür sind vermutlich die Wassermengen, die von den Pflanzen während der Vegetationszeit ausgehaucht werden. Die jährlichen Grundwasserschwankungen lassen sich für unsere Breiten in zwei Gruppen gliedern:

1. Gebiete mit stärksten Niederschlägen im Sommer; absolute Menge des Niederschlags ist groß, die Verdunstung gering (Alpengebiet, bayrische Hochebene). Das Grundwasser folgt den Niederschlägen, zeigt starke Schwankungen und hat im Spätherbst ein Minimum.

2. Gebiete mit gleichmäßiger Verteilung der Niederschläge im Laufe des Jahres; absolute Menge des Nieder-

schlages ist gering, die Verdunstung hoch (Norddeutsches Flachland). Hier sind die Schwankungen des Grundwassers geringer, das Maximum liegt im Frühjahr vor Erwachen der Vegetation.

Hinsichtlich des Einflusses der Pflanzenwelt auf Veränderungen des Grundwasserstandes ist zu sagen, daß er sich mehr durch Abnahme des Sickerwassers als durch direkte Einwirkung auf den Stand des Grundwassers geltend macht. Die Zeit, in der die Vegetation erwacht (März bis Mai), macht sich mehr oder weniger in den einschlägigen Beobachtungen dieser Verhältnisse bemerkbar.

Abb. 33. Verseuchung eines Brunnens *P* durch Misthaufen *D* und Abort *A*. Jauche und Dung von *D* und *A* gelangen durch die sandige Verwitterungsschicht *S* und durch das klüftige Gestein *K* ins Grundwasser (durch Pfeile angedeutet) und somit in den Brunnen *P*, verseuchen das Wasser und werden so für den Menschen die Ursache schwerer Krankheiten (Typhus u. a.). Das Grundwasser sammelt sich in dem klüftigen Gestein *K* über der Tonschicht *T* (dem Wasserstauer) an und fließt wegen der Neigung der Schichten nach links ab. Die Abbildung zeigt auch, wie durch einen Brunnen der Spiegel des Grundwassers abgesenkt wird.

Es sind aber auch Schwankungen des Grundwasserstandes bekannt, die sich auf eine Reihe von Jahren erstrecken. Namentlich bei längeren Zeitabschnitten wird der Wechsel von Perioden hohen und tiefen Standes sehr deutlich. Das Ausmaß solcher Schwankungen innerhalb weniger Jahre kann 0,5 m und mehr betragen. Die Ursachen dieser Erscheinungen sind offenbar in periodischen Klimaschwankungen zu suchen, die etwa alle dreißig Jahre wiederkehren.

Diese so hervorgerufenen Unterschiede im Grundwasserstande gehen natürlich recht langsam vor sich und daher ist es auch nicht zu verwundern, daß Bäume diese langsam eintretenden Unterschiede recht gut ertragen.

Anmerkung: In der Nähe von Gebäuden, namentlich auf dem Lande, ist aus hygienischen Gründen unbedingt darauf zu achten, daß das Grundwasser nicht durch irgendwelche gesundheitsschädlichen Stoffe verunreinigt wird. Das kommt namentlich für solche Orte und Gegenden in Frage, wo die Wasserversorgung nicht aus einer Wasserleitung, sondern aus Brunnen geschieht. Wie leicht

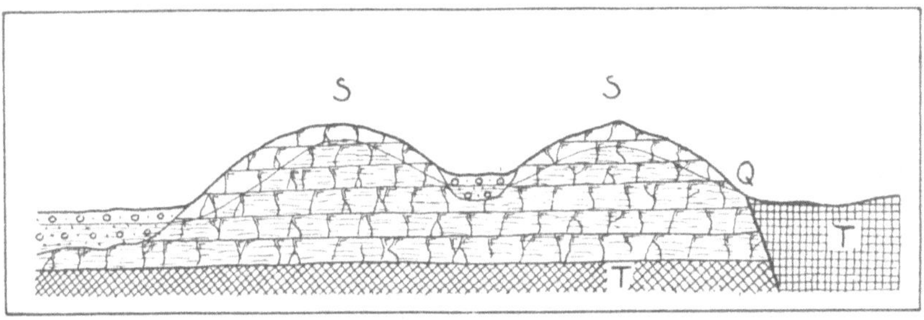

Abb. 34. Grundwasserstockwerk (wagerecht schraffiert) in stark klüftigen Schichten über tonigen Schichten *T* als Wasserstauer, *S* Grundwasserscheide. Das durch den Ton *T* (ganz rechts) an einer Verwerfung gestaute Grundwasser tritt bei *Q* als Quelle zutage. In den mit Kiesablagerungen erfüllten Tälern ist der Grundwasserspiegel durchweg horizontal, unter den Höhen steigt er an, die Oberfläche des Grundwasserspiegels folgt also der Form der Erdoberfläche.

Brunnen auf diese Weise, besonders bei geneigter Lage des Wasserstauers, verseucht werden können, mag Abb. 33 schematisch andeuten.

f) Wasserverdunstung und Taubildung.

Das eben näher gekennzeichnete Bodenwasser kann naturgemäß nur dann verdunsten, wenn die atmosphärische Luft noch nicht mit Feuchtigkeit gesättigt ist. Die Verdunstung des Bodenwassers ist nun vor allem bedingt dadurch, ob der Boden Pflanzenwuchs trägt oder nicht. Auf kahlem unbewachsenem Boden verdunstet das Wasser im wesentlichen nur an der Oberfläche. Diese verliert also Wasser, das natürlich ersetzt wird. Und dieser Wasserersatz geschieht durch kapillaren Wasseraufstieg aus tieferen Bodenschichten.

Die Größe der Verdunstung ist also außer von dem relativen Feuchtigkeitsgehalt der Luft abhängig 1. von der Temperatur des Bodens, 2. von den an der Oberfläche vorhandenen Wassermengen und 3. von der Schnelligkeit des kapillaren Wasseraufstieges, durch den das verdunstende Wasser ersetzt wird.

Die Menge des an der Oberfläche vorhandenen Wassers wird nun von der Größe der Oberfläche und von der Wasserkapazität des Bodens beeinflußt. Die Größe der Oberfläche ist, genau genommen, nie konstant. Eine Fläche von z. B. 20 × 50 m in rechteckiger Begrenzung, die ziemlich glatt gewalzt ist, hat eine geringere Oberfläche als ein gepflügtes, in einzelne Schollen aufgerissenes Ackerstück von den gleichen Maßen. Furchen und Hügelchen in einer Fläche vergrößern diese. Wind vergrößert ebenfalls die Verdunstung um so mehr, je trockner, wärmer und stärker er ist. Andererseits wird die Verdunstung eingeschränkt oder fast ganz verhindert durch Bedeckung des Bodens mit Steinen, grobem Sand, Sägespänen usw. oder durch Krustenbildung auf Tonböden. Flachgründige Böden trocknen durch Verdunstung am schnellsten aus, während tiefgründige Böden um so weniger Wasser verdunsten, je höher sie über dem Grundwasser liegen.

Bei Böden mit Pflanzenwuchs ist die Verdunstung weit größer, weil der Pflanzenwuchs die verdunstende Oberfläche ganz erheblich vergrößert und die Pflanzenwurzeln Wasser aus größerer Tiefe emporheben. Je tiefer die Wurzeln in den Boden dringen, desto mehr Wasser haben sie zur Verdunstung. Daher kommt es, daß im allgemeinen Waldboden trotz der starken Beschattung mehr Wasser verdunstet als Ackerland.

Die Fähigkeit des völlig ausgetrockneten Bodens, an seiner Oberfläche Wasserdampf zu verdunsten, bezeichnet man als Hygroskopizität. Es ist noch zweifelhaft, ob dieser Fähigkeit eine wesentliche Bedeutung für die Wasserversorgung der Pflanzen zukommt, denn sie äußert sich nur dann, wenn der Boden soweit ausgetrocknet ist, daß die Pflanzen bereits zu welken beginnen.

Von größerer Bedeutung für die Pflanzenwelt ist die Taubildung. Diese geht dann vor sich, wenn wasserhaltige Luft mit Gegenständen in Berührung kommt, die unter den Taupunkt[1])

[1]) Der Taupunkt ist diejenige Temperatur, bei der die in der Luft vorhandene Wasserdampfmenge zur Sättigung gerade ausreicht.

abgekühlt sind. Tauausscheidung erfolgt daher besonders stark an ausstrahlenden Körpern der Oberfläche, vor allem an Pflanzenteilen, die ja bekanntlich eine erheblich tiefere Temperatur haben können, als die umgebende Luft. Der Tau entstammt der atmosphärischen Luft und dem aus den Pflanzen ausgetretenen flüssigen Wasser. Die Hauptquelle des Taues ist jedoch meistens die Bodenluft.

g) Bedeutung des Bodenwassers für die Vegetation.

Die Pflanzen bestehen zum größten Teile (70—90 %) aus Wasser, das sie vor allem durch die Wurzeln aufnehmen. Wasser ist also für die Pflanzen schon aus diesem Grunde eine Lebensnotwendigkeit. Das Wasser ist aber auch der wichtigste Träger der mineralischen Pflanzennahrung; diese enthält es in gelöstem Zustande, in dem sie von den Pflanzen leicht aufgenommen werden kann. Ein größerer Wassergehalt des Bodens ist deshalb das Haupterfordernis für ein gutes Gedeihen der Pflanzen. Aber bei allen dem ist zu bedenken, daß ein zu geringer wie ein zu großer Wassergehalt des Bodens stets für den Pflanzenwuchs verhängnisvoll ist. Ein reicher Boden kann durch zu hohen Wassergehalt den Pflanzenwuchs völlig vernichten. Diese vernichtende Wirkung besteht vor allem darin, daß ein zu hoher Wassergehalt das Eindringen des Luftsauerstoffes in den Boden einschränkt oder gänzlich verhindert. Die sauerstoffhaltige Luft im Boden nimmt an Menge ab oder verschwindet ganz und die Pflanzen, die erhebliche Mengen Sauerstoff durch die Wurzeln einatmen, müssen infolgedessen eingehen. Ganz besonders schädlich wirkt daher stehendes Wasser, dessen Sauerstoffgehalt durch neuen Zufluß nicht erneuert wird.

Wie wir schon wissen, ist der Sauerstoff eine Lebensnotwendigkeit auch für die sauerstoffliebenden Bodenbakterien, und deren Wichtigkeit für Bodenbildung und Pflanzenwuchs ist uns ebenfalls zur Genüge bekannt. Mangel an Sauerstoff schädigt also auch die Bakterien und damit indirekt wiederum den Pflanzenwuchs. Auch in chemischer Beziehung ist Sauerstoffmangel im Boden durchaus von Schaden: die Humusbildung wird stark eingeschränkt, bereits gebildete Nitrate werden wieder zerstört, es bildet sich das schädliche Sumpfgas CH_4 und der noch viel schädlichere Schwefelwasserstoff H_2S; dieser wieder führt zur Bildung von Schwefelsäure und Ferrosulfat, Stoffe, die geradezu Gifte für den Pflanzenwuchs sind.

Aber auch rein mechanisch wirkt ein zu großer Wassergehalt

schädlich auf den Pflanzenwuchs ein. Das dem praktischen Landwirt genugsam bekannte Auffrieren des Bodens und damit im Zusammenhang das Auswintern der Winterfrüchte sind auf einen zu großen Wassergehalt des Bodens zurückzuführen. Bei diesem Vorgange gefriert das Wasser der oberen Bodenschichten und dehnt sich dabei aus. Von diesem Vorgang werden die Pflanzen deswegen besonders in Mitleidenschaft gezogen, weil dabei die Wurzeln zerreißen, infolgedessen also die Pflanzen absterben.

Aber auch zu geringer Wassergehalt des Bodens ist von Schaden, und die Pflanzen reagieren bereits auf relativ kleine Abnahmen des für eine Bodenart charakteristischen Optimums. Der Prozentsatz der Wasserabnahme und damit das Eintreten schädigender Wirkungen für die Pflanzenwelt ist sehr verschieden. Größe der Wasserkapazität und Gehalt an Bodenkolloiden sind dafür besonders verantwortlich. Für die Kulturpflanzen liegt das Optimum des Bodenwassergehaltes bei ca. 60% der Wasserkapazität; 80% und mehr einerseits, und Sinken unter ein Drittel der Wasserkapazität andererseits verringern die Produktion ganz erheblich.

IV. Der Boden und die Luft.

a) Chemie der Atmosphäre. Luftbeimengungen.

Die Atmosphäre ist ein Gemenge von Gasen, das nach den neuesten Untersuchungen die Erdoberfläche bis zu einer Höhe von ca. 300 km umgibt. An der Zusammensetzung beteiligen sich vornehmlich Sauerstoff mit 20,93 Vol.% und Stickstoff mit 79,04 Vol.% in der Nähe der Erdoberfläche. Nur in winzigen Mengen sind die Edelgase Argon, Neon und Helium vorhanden. Größere Bedeutung hat der Gehalt an Kohlensäure, der ca. 0,03 Vol.% beträgt. Im allgemeinen ist dieser Kohlensäuregehalt der Luft ziemlich konstant, gelegentlich kommen kleinere Schwankungen vor; diese rühren daher, daß große Wasserflächen den Kohlensäuregehalt vermindern (CO_2 ist in Wasser löslich), große Landflächen ihn etwas erhöhen, daß die Luft an der Bodenfläche etwas reicher an Kohlensäure ist als der Durchschnittsgehalt der Luft, daß mäßige Niederschläge den Kohlensäuregehalt der Luft erheblich steigern, länger dauernde ihn herabsetzen, und schließlich, daß die Luft tagsüber ärmer an Kohlensäure ist als während der Nacht.

Hinsichtlich der Bildung und Bindung der drei atmosphärischen Hauptbestandteile, Stickstoff, Sauerstoff und Kohlensäure ist zu sagen, daß der Verbrauch an Sauerstoff größer ist als derjenige an Stickstoff; letzterer ist überhaupt der unveränderlichste Bestandteil der Atmosphäre. Der größere Verbrauch des Sauerstoffes hat seinen Grund in den weit verbreiteten Prozessen der Verwesung und der Oxydation. Dem steht gegenüber der sauerstoffbildende Prozeß der Assimilation in den Pflanzen. Verbrauch und Gewinn stehen sich hier ziemlich gleichmäßig gegenüber. Dauernd gebunden wird Sauerstoff wahrscheinlich nur bei der Verwitterung eisenoxydulhaltiger Gesteine.

Von größerer Bedeutung sind die Verhältnisse für die Kohlensäure. Welche relativ großen Mengen von ihr durch die Bildung der Karbonatgesteine einst und jetzt der Atmosphäre entzogen werden, beweist die massenhafte Verbreitung der Kalk- und Dolomitgesteine. Ein ganz erheblicher Teil wird ferner bei der Kohlen- und Moorbildung gebunden. Der Verbrauch an Kohlensäure ist also ganz beträchtlich. Ihm steht aber gegenüber ein nicht geringer Gewinn dieses Stoffes durch industrielle Betriebe, durch kohlensäurehaltige Quellen (Säuerlinge), aus denen die Kohlensäure oft unter Aufbrausen entweicht, und endlich durch die gewaltigen Exhalationen der Vulkane.

Von den sonstigen Beimengungen sind noch zu nennen: kleine Mengen von salpetriger und Salpetersäure, die indirekt durch die elektrischen Entladungen der Atmosphäre gebildet werden; ferner kleine Mengen von Ozon und Wasserstoffsuperoxyd. Bei diesen ist freilich die Entscheidung darüber, um wessen Wirken es sich im Einzelfalle handelt, recht schwierig, ebenso ist die Bedeutung dieser beiden Stoffe für das Pflanzenleben noch sehr umstritten.

Hier ist auch der Ort, auf eine atmosphärische Erscheinung kurz einzugehen, die für gewisse Gegenden Deutschlands charakteristisch ist, nämlich den Höhenrauch[1]). Im eigentlichen Sinne verstehen wir unter ihm das Produkt der Brandkultur auf Moorflächen, wie sie vor allem in den Mooren Norddeutschlands, besonders Nordwestdeutschlands (im großen Maßstabe z. B. im Bourtanger Moor westlich der Ems) betrieben wird. Diese Brandkultur beginnt

---

[1]) Vgl. dazu N. Kempf, Die Entwicklung der Theorien über den Höhenrauch. F. C. W. Vogel, Leipzig. 1914.

im Frühling. Das schwelende Verbrennen erzeugt riesige Mengen von Rauch, der weithin getrieben wird und den blauen Himmel bleichgelblich färbt. Er läßt sich auch schon in geringen Mengen an seinem eigentümlichen brenzlichen Geruch erkennen. Über seine Wirkung auf nahegelegene Pflanzenkulturen fehlen bislang nähere Untersuchungen; daß er weiter entferntem Pflanzenwuchs irgendwie schadet, ist wohl ganz ausgeschlossen. Eine alte Weisheit behauptet, daß Höhenrauch die Niederschläge verhindere; dafür ist aber bislang von meteorologischer oder von anderer Seite kein Nachweis erbracht.

b) Adsorption von Gasen durch den Boden.

Bekanntlich haben alle festen Körper, auch Flüssigkeiten, die Eigenschaft, Gase zu adsorbieren. Kohle adsorbiert große Mengen von Ammoniakgas, 1 Liter Wasser vermag 1,5 ccm Stickstoff, 3 ccm Sauerstoff, 1 Liter Kohlensäure, 700 Liter Ammoniakgas zu adsorbieren. Diese Adsorptionsfähigkeit kommt nun auch dem Boden zu, sie erlangt deshalb auch bodenkundlich eine nicht geringe Bedeutung. Im Boden selbst sind es vor allem Eisenoxyd, Eisenoxydhydrat und humose Stoffe, die als Träger der Adsorption in Frage kommen; weniger wichtig sind die Tonsubstanzen.

Hinsichtlich der einzelnen wichtigen Substanzen ist zu bemerken, daß zunächst Kohlensäure vom Boden stark adsorbiert wird; dabei wirkt Eisenoxyd im Boden als Überträger der Kohlensäure. Stark adsorbiert wird auch Ammoniak, besonders von Eisenoxyd und humosen Stoffen. Ebenso wird Stickstoff durch Eisenoxyd besonders adsorbiert, während Sauerstoff nur in geringem Maße aufgenommen wird. Was schließlich die Humussubstanzen anlangt, so adsorbieren sie ebenfalls Kohlensäure, bilden aber auch selbst erhebliche Mengen von Kohlensäure.

c) Bodenluft und Durchlüftbarkeit des Bodens.

Das Wasser erfüllt nicht alle Hohlräume des Bodens, auch die Luft, die Bodenluft, ist an der Ausfüllung dieser Hohlräume beteiligt. Diese Bodenluft steht zwar unmittelbar mit der atmosphärischen Luft in Verbindung, aber hinsichtlich ihrer Zusammensetzung kann sie sich meist ganz wesentlich von der atmosphärischen Luft unterscheiden. Das hat, wie leicht erklärlich, seinen Grund in den im Boden vor sich gehenden physikalischen und besonders chemischen und biologischen Prozessen. Bodenwasser löst Sauerstoff und Stickstoff nicht gleichmäßig, es entzieht der Luft Ammoniak, Salpetersäure, salpetrige Säure in ihren Verbindungen. Durch die Atmung der lebenden Pflanzen und die Verwesung der abgestorbenen wird dem Boden viel Sauerstoff entzogen und Kohlendioxyd gebildet. Aus Fäulnisprozessen nimmt die Bodenluft Schwefelwasserstoff und Sumpfgas auf. Stickstoffbindende Bakterien verbrauchen einen Teil ihres Stickstoffes. Diese verschiedenen Faktoren bedingen daher erhebliche Unterschiede in der Zusammensetzung der Bodenluft. Nur ganz allgemein kann man sagen, daß im Vergleich zur atmosphärischen Luft die Bodenluft ärmer an Sauerstoff, etwas reicher an Stickstoff und ganz bedeutend reicher an Kohlendioxyd ist.

Zersetzungsprozesse im Boden erzeugen u. a. auch Kohlendioxyd. Dieser Prozeß wird naturgemäß um so energischer vor sich gehen, je höher die Temperatur des Bodens und damit auch der Luft ist. Es folgt daraus, daß in der wärmeren Jahreszeit der Kohlensäuregehalt der Bodenluft größer ist als in der kälteren.

Hinsichtlich der Bedeutung der Bodenluft für den Pflanzenwuchs gilt hier im Grunde dasselbe, was bereits beim Bodenwasser gesagt wurde. Sollen die in der Bodenluft sich allmählich ansammelnden schädlichen Gase der Pflanzenwelt nicht zum Nachteil gereichen, so muß der Boden stets mit frischer Luft versorgt werden, er muß gut durchlüftet werden. Dieser Erneuerungsprozeß wird von der Natur z. T. selbst bewirkt, und zwar durch Temperaturunterschiede, durch Diffusion der Gase und durch fließendes Wasser. Temperaturunterschiede verursachen das Aufsteigen der wärmeren Bodenluft und deren Ersatz durch kältere atmosphärische Luft in der kalten Jahreszeit. Auf die Diffusion der Gase ist zurückzuführen, daß die Bodenluft reicher an Kohlendioxyd ist als die atmosphärische Luft, da Kohlendioxyd ein relativ schweres Gas ist und sich infolgedessen sehr langsam mit den übrigen Bestandteilen der Luft vermischt. Fließendes Wasser, vor allem die luftsauerstoffhaltigen Niederschläge, geben ihren Sauerstoff an die Bodenluft ab, namentlich ist von Wichtigkeit für die Erneuerung der Bodenluft die saugende Wirkung des in den Boden eindringenden Wassers auf die atmosphärischen Gase.

Die mechanische Bearbeitung des Bodens durch Pflügen, Eggen, Hacken sowie das Düngen mit Stallmist erleichtert das Eindringen der atmosphärischen Luft ganz wesentlich.

V. Der Boden und die Wärme.

Normaler Gehalt an stets frischem Bodenwasser und günstige Zusammensetzung der Luft würden allein nicht ein gutes Gedeihen der Pflanzen gewährleisten, wenn nicht die von der Sonne gelieferte Wärme das Übrige dazu täte. Die Pflanzen werden sich i. a. umso wohler fühlen, je mehr Wärme der Boden aufnehmen und je mehr er den Pflanzen abgeben kann. Die wärmeadsorbierende und wärmespendende Kraft des Bodens ist natürlich vor allem abhängig von der Lage des Bodens zu den Sonnenstrahlen. Gegen Süden und Osten gelegene Böden sind i. a. wärmer als solche, die gegen Norden und Westen liegen. Ferner spielen Beschaffenheit und Farbe dabei eine große Rolle. Je größer die „Rauheit" der Oberfläche und je größer damit die Oberfläche selbst (vgl. S. 106), desto mehr Wärme kann ein Boden aufnehmen. Helle Böden nehmen nur die dunklen Wärmestrahlen des Sonnenlichtes auf (die hellen werden reflektiert), sind infolgedessen relativ weniger warm als dunkle Böden, die sowohl die hellen wie die dunklen Wärmestrahlen aufnehmen (darum erscheinen sie unserem Auge eben dunkel). Am besten kann man sich von dieser Tatsache überzeugen durch einen Spaziergang einerseits auf trocknem dunklem Moorboden und andererseits auf hellem Sandboden oder hellen Gesteinen in sommerlicher Hitze. Noch deutlicher kann man das persönlich erfahren durch die Art der Kleidung: weiße Kleidung kühlt, schwarze wärmt.

Die Wärme pflanzt sich natürlich auch in tiefere Bodenschichten fort, umso schneller, je größer das Wärmeleitungsvermögen des betreffenden Bodens ist. Die Unterschiede des Wärmeleitungsvermögens sind zwar gering, aber die Bodenluft spielt dabei eine große Rolle insofern als sie die Wärme ca. 30 mal schlechter leitet als Wasser. Daraus folgt, daß sich die Wärme im Boden um so schneller fortpflanzt, je weniger Luft und je mehr Wasser er enthält. Andererseits sagt eine praktische Erfahrung, daß nasse Böden auch kalt sind. Das ist durchaus richtig und diese Regel steht nicht im Gegensatz zu dem eben Gesagten. Gesagt ist damit nur, daß ein Boden zur Erhöhung seiner Temperatur eine um so größere Wärmezufuhr erfordert, je nasser er ist. Der Widerspruch kann also schon deshalb nicht bestehen, weil Wärmeleitfähigkeit und Wärmemenge zwei ganz verschiedene Dinge sind.

Während der Nacht, wo i. a. die Temperatur niedriger ist als am Tage, geht ein Teil der tagsüber aufgenommenen Wärme des Bodens durch Ausstrahlung wieder verloren. Dieser Verlust ist um so größer, je größer die ausstrahlende Fläche ist, d. h. bei gleicher Flächengröße, je rauher die Bodenoberfläche ist.

VI. Die Bodenkolloide[1]).

a) Allgemeines.

Die Mineralogie unterscheidet kristallisierte und amorphe Körper, letztere sind solche, denen eine Kristallform nicht zukommt, z. B. Opal. Die Chemie bezeichnet diese amorphen Körper als Kolloide. Diese Kolloide unterscheiden sich in chemischer Hinsicht dadurch von den kristallisierten Körpern oder Kristalloiden, daß sie gar nicht oder nur sehr langsam durch Membrane gegen Wasser diffundieren. Zu den Kolloiden gehören z. B. Leim, Gummi, Gelatine, Eiweiß. Offenbar handelt es sich bei den Kolloiden um einen Stoffzustand, der nicht bestimmten Verbindungen eigen ist, sondern in den auch Kristalloide durch geeignete Behandlung übergeführt werden können. Vom Standpunkt der Bodenkunde ist z. B. Quarzsand ein Kristalloid, Ton ein Kolloid.

Es ist instruktiv, an diesem Beispiel aus der Bodenkunde charakteristische Eigenschaften von Kristalloiden und Kolloiden kennen zu lernen. Es sei das in Gestalt einer Tabelle wiedergegeben:

Quarzsand (Kristalloid)	Ton (Kolloid)
Die einzelnen Körnchen sind beim Zerreiben des Sandes zwischen den Fingern erkennbar.	Bestandteile mit den Fingern nicht zu spüren.
Für das Handgefühl: körnig.	Für das Handgefühl: schleimig, fettig, schmierig.
Im feuchten Zustande nur wenig bildsam.	Im feuchten Zustande: plastisch, knetbar.
Zerfällt beim Austrocknen in einzelne Körner.	Erhärtet beim Austrocknen unter starker Volumenverminderung.
Sinkt im Wasser schnell zu Boden.	Verteilt sich äußerst fein und schwebend im Wasser.

[1]) Vgl. dazu das ausgezeichnete Buch: P. Ehrenberg, Die Bodenkolloide. 2. Aufl. 1918. Th. Steinkopff, Dresden.

Daß sich die feinen Bestandteile des Tones im Wasser schwebend erhalten, ist eine Folge ihrer außerordentlich geringen Größe und infolgedessen ihres geringen Eigengewichtes. Ein solches Gemisch von Wasser mit kleinsten Teilchen fester Körper nennt man eine kolloidale Lösung; die Kolloidteilchen selbst befinden sich dabei im Solzustand. Der Unterschied zwischen kolloidaler Lösung (Ton in Wasser) und echter Lösung (Kochsalz in Wasser) besteht darin, daß in letzterer der Körper gänzlich aufgelöst wird, also dem Auge entschwindet, während in einer kolloidalen Lösung sich das Sol (in unserem Falle die Tonpartikelchen) stets noch mit Hilfe des Ultramikroskopes nachweisen läßt.

Wenn sich die schwebenden Teilchen einer kolloidalen Lösung dichter zusammenlagern, dann bilden sie Flocken; diese sinken, da sie schwerer sind, zu Boden und bilden hier eine gallertartige Masse, die man als Gel bezeichnet. Diese Ausflockung nennt man auch Koagulation. Sie wird verursacht durch mechanische und elektrische Einflüsse; dabei wird der Vorgang gefördert durch Frost, Ruhe und steigende Konzentration.

Der Übergang vom Sol- in den Gelzustand braucht nicht immer stattzufinden, durchweg wird er durch gewisse andere kolloidale Stoffe verhindert, die man als Schutzkolloide bezeichnet. Diese sind auch für die Bodenverhältnisse von Wichtigkeit. Bedeutsam ist endlich noch die Unterscheidung von reversiblen und irreversiblen Kolloiden; bei ersteren läßt sich der Gelzustand leicht wieder in den Solzustand überführen, bei letzteren ist das nicht ohne weiteres möglich. Daß sich reversible und irreversible Kolloide auch in anderer Beziehung unterscheiden, sei hier nur beiläufig bemerkt.

b) Der Boden und die Kolloide.

Im Boden sind zahlreiche Kolloide vertreten, die für viele Vorgänge im Boden von großer Bedeutung sind. Vor allem zu nennen sind hier: Eisenhydroxyd, Aluminiumhydroxyd, die verschiedenen Kieselsäuren, eine Reihe wasserhaltiger Silikate; sehr deutliche kolloidale Eigenschaften besitzen auch der Ton, die Humusstoffe, die Bodenmasse der Moorböden, der Torf. Humusstoffe wirken häufig als Schutzkolloide und das ist meist sehr wertvoll, namentlich dann, wenn sie Krümelstruktur des Bodens erzeugen. So wird Eisenhydroxyd nicht ausgefällt, wenn Humusstoffe vorhanden sind, die günstige Folge ist Krümelbildung. Ferner wird zäher Tonboden durch die Anwesenheit von Humusstoffen gemildert, indem diese die Tonteilchen wie eine schützende Hülle umgeben und ein starkes Zusammenbacken der Tonteilchen verhindern.

Wichtig ist, daß die durch Koagulation im Boden entstehenden Gelmassen die Fähigkeit haben, große Flüssigkeitsmengen aufzusaugen [1]) und festzuhalten. Die Pflanzenwurzeln können von diesen Flüssigkeitsmengen nur einen Teil zurückgewinnen, und daraus erklärt sich die wichtige Tatsache, daß in kolloidreichen Böden die Pflanzen bedeutend mehr Wasser haben müssen als in kolloidarmen Böden.

Lang andauernde Trockenheit kann das Wasseraufsaugungsvermögen der Kolloide fast vernichten. Darauf beruht es, daß z. B. Tonteilchen in trockenem Zustande durch Wasser nicht benetzt werden [2]). Trocknet nackter Moorboden aus, dann verwandelt er sich in staubigen Mull, der unter dem Einfluß des Windes zu Moor- oder Mullwehen zusammengeweht wird und ein böser Feind des landwirtschaftlichen Betriebes auf Moorböden ist.

Kolloidgele haben die Eigenschaft, unter dem Einfluß des eindringenden Wassers aufzuquellen. Das gilt namentlich für die Humusstoffe und den Torf. Verschwindet das Wasser, so schrumpfen sie zusammen, bei völligem Austrocknen auf ein Halb bis ein Zehntel des ursprünglichen Volumens, je nach der Art des Stoffes. Erhärtung und Rißbildung (z. B. bei Ton) ist die weitere Folge.

Es wurde bereits erwähnt, daß der Frost die Gelbildung fördert. Die Kolloide verlieren dabei z. T. ihre kolloiden Eigenschaften. Humuskolloide gehen unter der Wirkung des Frostes leicht in den Gelzustand über und das ist von großer Bedeutung für die Krümelbildung des Bodens.

Die Plastizität des Tones beruht nach neueren Untersuchungen auf dem Vorhandensein des sog. Kolloidtones, der ein wasserhaltiges Aluminiumsilikat darstellt und schon in geringer

---

[1]) Man bezeichnet das als Imbibition und versteht darunter die Erscheinung, daß viele Stoffe, die aus dicht aneinander gelagerten Teilchen bestehen (die Gele), Wasser in ihr Inneres eindringen lassen. Es wird hier um so fester gehalten je kleiner die festen Teilchen sind.

[2]) Ton verliert beim Brennen (Ziegelsteine) seine kolloidalen Eigenschaften und nimmt sie unter keinen Umständen wieder an.

Menge tonigen Stoffen Knetbarkeit, Klebrigkeit usw. verleiht. Daß Sande, Schotter und Gerölle zu festen Sandsteinen, Konglomeraten und Breccien umgewandelt werden, ist eine Folge der verklebenden Kraft der Kolloide. In dieser Beziehung wichtig sind Kieselsäure, Eisenhydroxyd, Ton, Humusstoffe, die als Bindemittel die einzelnen losen Bestandteile miteinander verkitten. So wird Sand zu Sandstein, eisenschüssiger Sand zu Raseneisenstein, stark humoser Sand zu Ortstein (vgl. S. 75).

F. Einteilung und Verbreitung der Bodenarten.

Vorbemerkungen.

Es liegt im Wesen jeder Wissenschaft, daß sie, um einen Überblick über die Mannigfaltigkeit der Erscheinungen zu bekommen, die Erscheinungen nach bestimmten Grundsätzen zu gliedern sucht. Eine solche Gliederung kann sowohl äußerer wie innerer Natur sein. Gliedert man die Erscheinungen, in unserem Falle die verschiedenen Bodenarten nach Farbe, Struktur und sonstigem physikalischem Verhalten, so ist damit eine Einteilung äußerlicher Art gewonnen. Sie mag für manche Zwecke, namentlich im Anfang der Bodenuntersuchung von Vorteil sein, doch trifft sie nicht das Wesen der Sache. Wir sind gewöhnt, eine Erscheinung erst dann richtig zu verstehen, wenn wir uns über ihre Entwicklung und die dazu gehörigen Bedingungen im Klaren sind. Und darauf geht wie alle Wissenschaft auch die Bodenkunde hinaus. Jedoch ist sie von diesem Ziel gegenwärtig noch weit entfernt, denn es handelt sich dabei vielfach um Probleme, deren Lösung die Bodenkunde allein nicht zu geben vermag. Es sind Probleme geologischer, physikalischer, chemischer und klimatologischer Natur, die oft über das Vermögen der bodenkundlichen Wissenschaft hinausgehen.

Eine erste Einteilung der verschiedenen Bodenarten auf wissenschaftlicher Grundlage hat Fallou vom geologischen Standpunkt aus gegeben. Sie gründete sich im einzelnen auf die geologische Bildungsweise und die geologischen Transportmittel. Russische Forscher, vor allem Sibirzew, berücksichtigten erstmalig bei ihrer Bodeneinteilung auch den Einfluß des Klimas, doch bezog sich diese Gliederung ausschließlich auf die Verhältnisse Rußlands. Glinka berücksichtigt bei seiner Gruppierung einerseits den Einfluß und die Eigenschaften des Muttergesteins, andererseits die äußeren klimatischen Bedingungen; nach der vorherrschenden Wirksamkeit des einen oder anderen Faktors unterscheidet er dann endodynamomorphe und ektodynamomorphe Böden. Eine Einteilung, die gegenwärtig vielfach benutzt wird und im folgenden (unter II a—h) näher gekennzeichnet ist, geht vorwiegend von physikalischen und chemischen, untergeordnet auch von geologischen Gesichtspunkten aus; sie ist deswegen von Vorteil, weil diejenigen Eigenschaften, die für die Pflanzenwelt besonders wichtig sind, dabei deutlich zum Ausdruck kommen. Ein kurzer Überblick über die namentlich von Ramann erfolgreich in Angriff genommene, umfassende Einteilung in klimatische Bodenzonen ist ebenfalls im folgenden (unter III a—c) gegeben. Diesen beiden letzteren Arten der Gliederung sei wegen der gegenwärtig noch vielfachen Anwendung in der landwirtschaftlichen Praxis eine kurze Charakteristik der vom Altmeister Thaer eingeführten Einteilung in Bodenklassen vorausgeschickt.

Aufs Ganze gesehen, ist für eine genaue wissenschaftliche Gliederung der Bodenarten schon viel Vorarbeit geschehen, doch ist das Ziel noch fern. Ramann hat dafür Arbeitsweg und Gliederung richtig gekennzeichnet, wenn er sagt: „Das Verhältnis zwischen Niederschlägen und Verdunstung, Temperatur und Einfluß der Vegetation werden die großen Grundlagen der Bodeneinteilung bleiben." Und, so fügen wir hinzu, von einer derartigen Einteilung wird die praktische Bodennutzung in Forst- und Landwirtschaft den größten Vorteil haben.

I. Die Thaerschen Bodenklassen.

Der praktische Landwirt kennt für die Gliederung des Bodens nur einen Gesichtspunkt, nämlich die Ertragsfähigkeit oder die Fruchtbarkeit des Bodens. Und eben daraus entspringt auch die so häufige Mißachtung der wissenschaftlichen Bodenkunde seitens der Praktiker, denn sie verlangen von der Bodenkunde im heutigen Stadium bereits Antworten auf Fragen, die die Bodenkunde einmal wegen ihrer Jugend zum andern wegen der Schwierigkeit der Sache an sich nicht gewissenhaft genau in Hinsicht auf die Praxis beantworten kann.

Das fast ausschließliche Vorherrschen praktischer Gesichtspunkte ist nun auch der Grund dafür, daß die von Albrecht Thaer gegebene Einteilung in Bodenklassen in der Beurteilung landwirtschaftlich nutzbarer Böden heute noch so außerordentlich häufig angewandt wird. Sie gründet sich durchaus auf praktische Erfahrungen und für den Landwirt handgreifliche Unterscheidungsmerkmale.

Diejenige Bodenschicht, die von den Ackergeräten bearbeitet wird, ist die Ackerkrume, unter ihr liegt der Untergrund. Für den Landwirt sind Ton, Kalk, Humus und Sand die Bestandteile des Bodens. Die verschiedene Kombination dieser Stoffe ergibt die verschiedenen Bodenarten, die Thaer folgendermaßen klassifiziert hat:

I. Klasse: Tonboden, enthält über 50% Ton, 0,5% Kalk, 0,5% Humus, Rest Sand.
II. Klasse: Lehmboden, enthält 30—50% Ton, 0,5% Kalk, 0,5% Humus, Rest Sand.
III. Klasse: Sandiger Lehmboden, enthält 20—30% Ton, 0,5% Kalk, 0,5% Humus, Rest Sand.
IV. Klasse: Lehmiger Sandboden, enthält 10—20% Ton, 0,5% Kalk, 0,5% Humus, Rest Sand.
V. Klasse: Sandboden, enthält 0—10% Ton, 0,5% Kalk, 0,5% Humus, Rest Sand.
VI. Klasse: Mergelboden, enthält 10—50% Ton, 5—20% Kalk, 0,5% Humus, Rest Sand.
VII. Klasse: Kalkboden, enthält 10—50% Ton, 1—20% Kalk, 0,5% Humus, Rest Sand.
VIII. Klasse: Humusboden, enthält 0—50% Ton, 0,5% Kalk, über 5% Humus, Rest Sand.

Weitere Unterordnungen werden nach dem Vorherrschen des einen oder anderen Bestandteils unterschieden. Die Wertbeurteilung erfolgt dabei nach dem Gehalt an Humus, der nach dieser Einteilung noch immer als das Hauptmaß der Fruchtbarkeit gilt. Danach ist ein Boden

mit 0—0,5% Humusgehalt als arm,
mit 0,5—1,5% Humusgehalt als vermögend und
mit 1,5—5% Humusgehalt als reich

zu bezeichnen.

Eine weitere Gliederung unterscheidet in den einzelnen Gruppen noch Ackerklassen, Wiesenklassen und Forstklassen. Thaer gab für seine Bodenklassen auch bereits die Hauptfrüchte an, die sie zu tragen vermögen:

I. Tonboden: Weizenboden.
II. Lehmboden: Gerstenboden.
III. Sandiger Lehmboden: Gersten- und Haferboden.
IV. Lehmiger Sandboden: Hafer- und Roggenboden.
VI. Mergelböden je nach ihrem Ton- und Humusgehalt: Weizen- bis Hafer- und Roggenböden.
VII. Kalkböden entsprechend; und ebenso
VIII. Humusböden je nach ihrem Gehalt an Ton und Kalk.

Es sei hier daran erinnert, daß der Landwirt der Tropen in ähnlicher Weise von Baumwollböden, Reisböden, Zuckerrohrböden spricht. Thaer berücksichtigt bei seiner Klassifikation also auch den Bodenertrag und gerade das ist der Grund dafür, daß heute noch die Bewertung nach diesen Bodenklassen bei vielen praktischen Zwecken, z. B. bei der Grundsteuereinschätzung, berücksichtigt wird.

II. Physikalisch-chemische Gliederung der Bodenarten.

a) Steinböden.

Zu dieser Art von Böden werden alle jene gerechnet, die einen so hohen Gehalt an nicht oder nur wenig zersetzten gröberen Gesteinstrümmern aufweisen, daß hierdurch die wichtigsten Eigenschaften des Bodens nachhaltig beeinflußt werden. Steinböden dieser Art finden sich vor allem im Hochgebirge an den steilen Hängen, wo sie als Massen von durchweg grobem Schutt sich ansammeln und hier meist nur mit spärlichem Pflanzenwuchs (Algen, Moose, Flechten, Kiefern usw.) bestanden sind. Auch im Mittelgebirge (Riesengebirge, Böhmerwald, Fichtelgebirge, Thüringer Wald, Harz) kommen sie vor, sind hier aber weit häufiger vorwiegend mit Nadelhölzern bewachsen. Und nicht zuletzt sind zu dieser Bodenart zu rechnen alle jene stark geröllführenden Böden, die wir als Produkt der diluvialen Vergletscherung Nordeuropas kennen gelernt haben (S. 40). Sie haben bei uns eine ausgedehnte Verbreitung im norddeutschen Flachlande. Hinsichtlich ihrer Entstehung gehören die Steinböden der Gebirge zu den sog. Schuttböden; für sie ist charakteristisch einmal, daß sie entweder noch dem Muttergestein aufliegen oder jedenfalls nicht weit von diesem abgelagert sind, zum andern, daß die Form der Gesteinstrümmer eckig-kantig ist. Die eben genannten Steinböden der norddeutschen Tiefebene hingegen führen abgerundete Gesteinstrümmer, die auf einen Transport von weither deuten. Man bezeichnet deshalb derartige Böden auch als Geröllböden. Stein-

Abb. 35. **Beispiel für einen Steinboden.** Weg von der Schwarzen Koppe zur Schneekoppe im Riesengebirge. Der Pflanzenwuchs besteht aus Moosen, Flechten und dem 20—30 cm hohen Buschwerk der Krummholzkiefer (Pinus montana Miller).
G. Frebold phot.

böden sind also gewissermaßen noch nicht fertig gebildete Böden, die sich nur zur Holzzucht eignen (Abb. 35).

Anders ist es, wenn bereits eine weitergehende Verwitterung zur Bildung von Feinerde stattgefunden hat, in der vielleicht noch größere Bruchstücke des Gesteins vorkommen können. Solche Böden haben vielfach eine ganz bedeutende Fruchtbarkeit, namentlich dann, wenn sie aus den nährstoffreichen basischen Gesteinen wie Basalt, Melaphyr usw. entstanden sind; vorwiegend sind sie dann von Laubwald bewachsen. Hingegen geben nährstoffarme Gesteine, wie Granit, Porphyr usw. meist nur Nadelhölzern genügend Nahrung. Bei noch weitergehender Umwandlung entstehen aus derartigen Böden je nach dem petrographischen Charakter des Ausgangsgesteins Sand-, Ton-, Lehm- und Kalkböden. Auch selbst dann, wenn diese Bodenarten noch größere Mengen grober Gesteinsstücke enthalten, sind sie der Anlage von Grasflächen recht günstig. Besonders gute klimatische Verhältnisse sowie sonnige Lage machen sie auch noch als Weinbergsböden geeignet. Bei relativ feuchter Lage derartiger Böden kommt es auf ihnen auch zu Moorbildungen.

Steinböden sind sehr stark wasserdurchlässig, also durchweg trocken und warm. Die Folge ist starke Rohhumusbildung im Gebirge.

b) Sandböden.

Sandböden bestehen in der Hauptsache aus sandigen Gemengteilen, die im Wasser leicht zum Absatz gelangen. Die Korngröße der sandigen Bestandteile schwankt und man unterscheidet infolgedessen: Kies, Grand und feinen Sandboden. Die verschiedene Korngröße bedingt naturgemäß ein verschiedenes Verhalten der Sandböden zum Wasser. Ihre Wasserkapazität ist i. a. um so geringer je grobkörniger sie sind; sind tonige oder humose Stoffe beigemengt, so wird die Wasserkapazität vergrößert. Andererseits wächst die Wasserdurchlässigkeit mit der Korngröße. Man muß sie infolgedessen zu den trocknen Böden rechnen, die sich rasch erwärmen und schnell abkühlen, also durch bedeutende, für den Pflanzenwuchs ungünstige Wärmeschwankungen gekennzeichnet sind. Eine Folge der starken Erwärmung und der guten Durchlüftung ist die rasche Zersetzung der in ihnen enthaltenen Pflanzenreste. Sandböden sind daher tätige Böden.

Sandböden können aus den Gesteinen der verschiedensten geologischen Formationen entstehen. Daraus ergibt sich, daß der Gehalt an mineralischen Pflanzennährstoffen sehr wechselt. Aus fast reinen Quarzkörnern bestehen z. B. die Dünensande und die Tertiärsande, die meist infolge Mangels an mineralischen Nährstoffen zu den ärmsten Böden gehören. Sind Sandböden aus Eruptivgesteinen und kristallinen Schiefern hervorgegangen, dann enthalten sie mitunter noch bedeutende Mengen von Feldspat,

Glimmer, Augit und Hornblende, sind also reich an K-, Na-, Ca-, Mg-, Fe- und Al-Verbindungen. Derartige Böden sind wesentlich günstiger. Lehmiger Sand ist reich an tonigen Stoffen, humoser Sand enthält Humusstoffe und Sande, die größere Mengen von Eisenverbindungen (Ferrioxyd und Ferrihydroxyd) enthalten, bezeichnet man als eisenschüssige Sande.

In der Mehrzahl der Fälle sind Sandböden brauchbare Böden, die nicht in dem Maße die Mißachtung verdienen, die ihnen von seiten des Landwirts oft zuteil wird. Mergelige Sande geben mitunter sogar einen guten Weizenboden. Aber Sandböden werden sämtlich mehr oder weniger leicht ausgewaschen und das trifft vor allem die durch Düngung zugeführten Nährstoffe, die daher nicht nachhaltig auf den Pflanzenwuchs einwirken können.

Wegen ihrer in Nordwestdeutschland (besonders in der Provinz Hannover) weiten Verbreitung verdienen die Heidesande eine besondere Erwähnung. Diese Heidesande sind zur Diluvialzeit entstanden (vgl. S. 43). Sie sind in den oberen Lagen feinkörnige Sande, die einen geringen Gehalt an Kalk und Phosphorsäure besitzen und infolgedessen leicht von den anspruchslosen Heidekräutern (Calluna vulgaris, Erica tetralix) bewachsen sind. Der durch diese Pflanzen gebildete Humus ist reich an freier Säure. An feuchten Orten geben derartige Humusbildungen Veranlassung zur Bildung von Hochmooren. Bei trockener Lage wird die Heideerdeschicht mächtiger und die ausgelaugten Humusbestandteile lösen die noch nicht zersetzten mineralischen Bestandteile des Heidesandes (Feldspat, Glimmer, Augit usw.) auf und führen sie als Ton, Kali-, Kalk-, Magnesia- und Eisensalze in die Tiefe. Das ist der Beginn der Ortsteinbildung (vgl. S. 75).

Sandböden gehören i. a. zu den leichten Böden. Ihre ungünstigen Eigenschaften verlieren sie, wenn man ihnen z. B. Stalldünger, Moorerde oder Mergel zuführt.

Über den Nährstoffgehalt von Geröll- oder Kiesböden orientieren die beiden nachstehenden Analysen, deren erste sich auf älteren Diluvialkies, deren zweite sich auf jungdiluvialen Beckenkies bezieht; beide stammen aus der Lausitzer Gegend [1]).

---

[1]) Wo nicht besonders darauf hingewiesen ist, sind die im folgenden mitgeteilten Nährstoffanalysen den Erläuterungen zur Geologischen Spezialkarte von Preußen usw. 1 : 25000 (im Vertrieb bei der Preuß. Geolog. Landesanstalt in Berlin N. 4, Invalidenstraße 44) entnommen.

Bestandteile	Gehalt in Prozenten	
Tonerde	0,90	0,43
Eisenoxyd	0,61	0,30
Kalkerde	0,08	0,02
Magnesia	0,04	0,03
Kali	0,08	0,01
Natron	0,03	0,01
Schwefelsäure	Spur	Spur
Phosphorsäure	0,05	0,05
Kohlensäure	Spur	Spur
Humus	2,97	1,00
Stickstoff	0,07	0,04
	1	2

Es seien hier ferner einige Nährstoffbestimmungen von Sandböden angefügt. Die Bestimmungen beziehen sich auf: 1. alluvialen Flußsand von Klettwitz in der Lausitz; 2. Diluvialsand aus der Gegend von Breslau; 3. Geschiebesand von Unterlüß in der Lüneburger Heide; 4. Flottsand ebendaher; 5. Flugsand aus der Gegend von Breslau; 6. Dünensand von der Insel Spiekeroog; 7. Dünensand aus der Gegend von Lingen a. d. Ems.

Bestandteile	Gehalt in Prozenten						
Tonerde	1,28	0,97	0,05	1,03	0,36	0,25	0,12
Eisenoxyd	1,77	0,48	0,57	0,57	0,47	0,22	0,12
Kalkerde	0,29	0,08	0,02	0,05	0,05	0,19	0,01
Magnesia	0,09	0,07	0,02	0,05	0,05	0,04	0,02
Kali	0,08	0,05	0,13	0,07	0,05	0,04	0,03
Natron	0,03	0,08	0,09	0,10	0,04	0,08	0,02
Schwefelsäure	Spur	Spur	Spur	Spur	Spur	Spur	0,01
Phosphorsäure	0,07	0,08	0,10	0,02	0,05	0,03	0,01
Kohlensäure	Spur	Spur	Spur	Spur	Spur	Spur	Spur
Humus	5,58	0,90	3,42	0,94	Spur	0,92	1,39
Stickstoff	0,17	0,05	0,14	0,03	Spur	0,05	0,04
	1	2	3	4	5	6	7

c) Tonböden.

Tonböden sind durch Vorherrschen der abschlämmbaren und durch Zurücktreten der grobkörnigeren Bestandteile charakterisiert. Die Menge der abschlämmbaren Bestandteile beträgt 50—75%. Feuchter Tonboden ist plastisch, im trocknen Zustande bildet Ton ziemlich feste, schwer zerbrechliche Stücke. Reiner Tonboden hat eine sehr hohe Wasserkapazität und geringe Wasserdurchlässigkeit, er ist daher stets sehr naß, besonders wenn die tieferen Schichten auch aus schwer wasserdurchlässigem Material bestehen. Ton ist stets Wasserstauer (vgl. S. 102). Kapillarität und Verdunstungsvermögen sind sehr groß. Wenn Tonboden austrocknet, dann verringert sich sein Volumen, er wird hart und rissig und das Wasser kann infolge der verkleinerten Bodenkapillaren nur schwer eindringen. Die Durchlüftung des Tonbodens ist stets sehr mangelhaft, ebenso ist die Erwärmbarkeit recht gering; daraus ergibt sich, daß sich humusbildende Pflanzenteile nur langsam zersetzen und mitunter sogar ungünstig den Pflanzenwuchs beeinflussen. Wegen aller dieser Eigenschaften rechnet man die Tonböden zu den trägen Böden.

Tonböden haben also eine Menge ungünstiger Eigenschaften, die aber ganz erheblich an Einfluß verringert werden können, wenn sie Krümelstruktur annehmen, was man durch geeignete Bearbeitung erreichen kann. Günstig beeinflußt wird Tonboden auch durch Stoffe, die ihm von Natur aus beigemengt sind, z. B. Sand, Kies, Steine; dadurch wird die Plastizität vermindert. Kalziumverbindungen, humose Stoffe usw. fördern die Krümelstruktur. Pflanzennährstoffe sind im Tonboden meist in reichem Maße vorhanden.

Eine erfolgreiche Kultivierung der Tonböden hat besonders darauf zu achten, daß dem Boden der schädliche Wasserüberfluß entzogen wird; letzteres läßt sich durch Wasserentziehung, durch mechanische Auflockerung und Herbeiführung der Krümelstruktur erreichen. Bei richtiger Behandlung können Tonböden sehr dankbare Böden werden, aber das ist meist mit nicht geringen Schwierigkeiten verbunden. Einmal ist Tonboden überhaupt schwer zu bearbeiten, sodann spielen die jeweiligen Witterungsverhältnisse eine ganz erhebliche Rolle dabei. Tonböden sind infolgedessen auch wieder sehr unsichere Böden.

Zur Orientierung seien wieder einige Nährstoffanalysen mitgeteilt. Es bedeutet: 1. und 2. Tonboden des mitteloligozänen Septarientones aus der Gegend von Egeln bei Magdeburg; 3. Tonboden des Miozäns aus der Gegend von Lingen a. d. Ems; 4. Tonboden des Oberoligozäns ebendaher; 5. Diluvialer Tonmergel aus der Gegend von Unterlüß in der Lüneburger Heide; 6. Tonboden des Posener Tons (Pliozän) aus der Gegend von Posen.

Bestandteile	Gehalt in Prozenten					
Tonerde	4,26	4,34	3,80	5,28	13,08	17,637
Eisenoxyd	3,04	3,60	3,64	2,35	4,68	6,347
Kalkerde	0,86	1,01	—	—	13,57	1,594
Magnesia	0,83	1,01	—	—	1,38	2,186
Kali	0,66	0,71	3,02	2,84	3,10	1,896
Natron	0,15	0,32	—	—	1,32	0,598
Schwefelsäure	Spur	Spur	—	—	0,19	—
Phosphorsäure	0,08	0,13	—	—	0,24	0,131
Kohlensäure	Spur	Spur	—	—	9,90	0,562
Humus	3,28	3,27	—	—	Spur	0,157
Stickstoff	0,19	0,30	—	—	Spur	0,030
	1	2	3	4	5	6

d) Lehmböden und Lößböden.

Was zunächst die Lehmböden anlangt, so sind sie in grundlegenden Zügen von den Tonböden unterschieden. Der hauptsächlichste Unterschied ist der verschiedene Gehalt an kolloidalem Ton. Tonboden hat einen so hohen Gehalt an Bodenkolloiden, daß dadurch seine sonstigen günstigen Bodeneigenschaften in ihrer Wirkung auf den Pflanzenwuchs wesentlich abgeschwächt werden; beim Lehmboden hingegen bewegt sich der Tongehalt innerhalb solcher Grenzen, daß die günstigen Bodeneigenschaften dadurch voll zur Wirkung gelangen. Der Wassergehalt der Lehmböden schwankt innerhalb mittlerer Grenzen und ist selten so hoch, daß er schädigend wirken könnte. Deswegen wird Lehmboden leichter durchlüftet und leichter erwärmt und der vorhandene Wassergehalt wird leichter von den Pflanzen aufgenommen. Mit dem allen in Zusammenhang steht, daß Lehmböden schneller trocken werden und im trocknen Zustande dem Wasser besser zugänglich sind. An pflanzlichen Nährstoffen sind sie nicht sonderlich reich, aber das, was an ihnen vorhanden ist, geben die Lehmböden leichter an die Pflanzen ab. Hinsichtlich aller dieser Eigenschaften stehen die Lehmböden zwischen Ton- und Sandböden, ihre für den Pflanzenwuchs günstigen Eigenschaften überwiegen aber diejenigen des Sandbodens.

Lehmböden sind in petrographischer Beziehung Mischungen von Sand und tonigen Bestandteilen. Das gegenseitige Mengenverhältnis dieser Hauptbestandteile wechselt und man unterscheidet sandigen, milden und festen Lehmboden. Ersterer hat einen deutlich erkennbaren Sandgehalt, der die Bodeneigenschaften recht günstig beeinflußt. Bei milden Lehmböden sind die Bodenteile gut gelockert und alle Vorzüge des Lehmbodens kommen gut zur Geltung. Feste Lehmböden sind sehr dicht und fest gelagert und sind besonders für das Diluvium kennzeichnend. Die Pflanzenwurzeln dringen nur wenig ein und deshalb ist der Wert der festen Lehmböden nur gering.

Die Lößböden, zu denen auch der Lößlehm gehört, sind mit die geschätztesten und dankbarsten Böden, die es gibt. Was ihnen diesen günstigen Charakter verleiht, sind vor allem die physikalischen Eigenschaften. Alle für den Pflanzenwuchs wichtigen Bestandteile enthält der Lößboden in sehr günstiger Form und Verteilung. Sie haben fast stets gute Krümelstruktur, falls ihnen der Kalkgehalt nicht stark entzogen ist; ferner sind sie sehr gut erwärmungsfähig. Alles das hat zur Folge, daß Wasser, Luft und Wurzeln tief in den Boden eindringen können. Ihr Gehalt an pflanzlichen Nährstoffen ist nicht besonders hoch, es muß ihnen meist Phosphorsäure und Stickstoff durch Düngung zugeführt werden, aber dann sind sie eben besonders wertvoll. In petrographischer Beziehung haben die Lößböden einen weit geringeren Gehalt an tonigen Stoffen als die gewöhnlichen Lehmböden. Das ist besonders vom Lößlehm zu sagen, in dem sich die kolloidalen Stoffe infolge Auslaugung anderer Bestandteile angereichert haben.

In Deutschland sind die fruchtbarsten Gebiete die Lößböden, die sich über große Flächen erstrecken. Bekannt sind vor allem das Elbtal mit der Magdeburger Börde, das Rheintal, wo die Weinberge zum größten Teil auf Lößboden stehen, das Donautal, ferner die Hopfenböden und die kujawischen Weizenböden im Odergebiet.

Von den im folgenden wiedergegebenen Nährstoffbestimmungen beziehen sich 1 und 2 auf gewöhnlichen Lehmboden, und zwar ist 1 diluvialer Lehm aus der Gegend von Breslau, 2 alluvialer Lehm aus der Gegend von Lingen a. d. Ems; 3 bis 8 stellen Lehmböden des Geschiebemergels dar, und zwar 3 aus der Lausitz, 4 bis 7 aus der Gegend von Egeln bei Magdeburg; 8 aus der Gegend von Unterlüß; 9 bis 13 sind Nährstoffbestimmungen von Schwarzerde- oder Bördeböden aus der Magdeburger Börde (Gegend von Staßfurt); 14 bis 21 Lößboden aus der Gegend von Breslau.

Bestandteile	Gehalt in Prozenten							
Tonerde	0,90	0,43	0,85	1,02	0,85	1,54	2,46	2,13
Eisenoxyd	0,61	0,30	0,78	1,14	0,81	1,52	1,75	2,05
Kalkerde	0,08	0,02	0,08	0,43	0,28	0,41	0,49	8,52
Magnesia	0,04	0,03	0,09	0,19	0,14	0,35	0,39	0,51
Kali	0,08	0,01	0,08	0,18	0,15	0,27	0,35	0,33
Natron	0,03	0,01	0,03	0,15	0,10	0,13	0,16	0,29
Schwefelsäure	Spur	Spur	Spur	Spur	Spur	Spur	0,14	Spur
Phosphorsäure	0,05	0,05	0,04	0,10	0,10	0,11	0,05	0,09
Kohlensäure	Spur	Spur	Spur	Spur	Spur	Spur	Spur	6,55
Humus	2,97	1,00	1,25	0,94	1,41	2,24	2,54	Spur
Stickstoff	0,07	0,04	0,08	0,13	0,06	0,20	0,17	Spur
	1	2	3	4	5	6	7	8

Bestandteile	Gehalt in Prozenten				
Tonerde	4,20	3,05	3,66	4,09	3,71
Eisenoxyd	2,30	2,08	2,62	2,75	2,59
Kalkerde	1,05	0,42	2,44	1,43	2,56
Magnesia	0,59	0,43	0,64	0,77	0,66
Kali	0,54	0,44	0,40	0,72	0,37
Natron	0,42	0,09	0,27	0,11	0,22
Schwefelsäure	Spur	Spur	Spur	Spur	Spur
Phosphorsäure	0,22	0,10	0,10	0,10	0,12
Kohlensäure	0,57	Spur	1,49	0,68	1,84
Humus	0,94	1,44	1,56	3,13	2,70
Stickstoff	0,08	0,08	0,07	0,17	0,13
Entspr. Menge v. $CaCO_3$	1,3	—	3,4	1,54	4,2
	9	10	11	12	13

Bestandteile	Gehalt in Prozenten							
Tonerde	2,69	3,17	3,01	1,80	1,47	1,96	1,29	1,24
Eisenoxyd	2,19	1,88	2,10	1,31	1,19	1,64	1,06	1,12
Kalkerde	0,44	3,96	0,60	0,29	0,47	1,49	0,32	0,83
Magnesia	0,43	0,84	0,43	0,20	0,18	0,25	0,21	0,19
Kali	0,31	0,28	0,28	0,19	0,14	0,15	0,13	0,12
Natron	0,15	0,12	0,10	0,10	0,13	0,15	0,14	0,14
Schwefelsäure	Spur	Spur	Spur	Spur	Spur	Spur	Spur	Spur
Phosphorsäure	0,06	0,07	0,06	0,08	0,12	0,11	0,13	0,16
Kohlensäure	Spur	3,05	Spur	Spur	Spur	0,79	Spur	0,12
Humus	2,22	2,29	2,27	1,93	1,22	2,16	1,85	3,07
Stickstoff	0,10	0,11	0,14	0,14	0,09	0,14	0,09	0,18
	14	15	16	17	18	19	20	21

e) Marschböden.

Eine besondere Besprechung verlangen die zwischen Ton- und Lehmböden einzureihenden Marschböden. Sie sind Bildungen der geologischen Gegenwart, des Alluviums, und gehen hervor aus Schlamm und Trübe des Meeres (Seemarschböden) und der Flüsse (Flußmarschböden) (vgl. S. 45). In geographischem Sinne versteht man unter Seemarschen ein mehr oder weniger breites Küstengebiet (Abb. 36), das etwa von der Scheldemündung bis zur Spitze von Jütland sich erstreckt, also sich an der ganzen Nordseeküste entlang zieht. Die eigentliche Bodensubstanz der Marschen ist der Seeschlick (vgl. S. 45), eine infolge des Gehaltes an abgestorbenen Lebewesen stickstoffreiche marine Ablagerung. Der Hauptbestandteil des Seeschlicks ist Quarzsand bis zu 65%, dann folgen Eisenoxyd und Tonerde mit 15—20% und Kalziumkarbonat mit 7—10%, der Rest entfällt auf Kali (ca. 2%), Magnesia (ca. 2%), Phosphorsäure und Stickstoff (je ca. 0,2%). Die einzelnen Werte weichen für verschiedene Arten von Seeschlick kaum voneinander ab.

Aus diesen Schlickabsätzen bilden sich die Marschböden. Diese können sich nun sonderbarerweise in Zusammensetzung und im Verhalten gegen landwirtschaftliche Bearbeitung wie gegen Pflanzenwuchs ganz beträchtlich voneinander unterscheiden. Hinsichtlich der Zusammensetzung der Marschböden ist interessant der Bericht [1]) der im Jahre 1900 gegründeten Marschkulturkommission. Danach schwankt der Gehalt

an Kalk zwischen 0,26 und 5,45%
an Kali zwischen 0,11 und 1,15%
an Phosphorsäure zwischen 0,08 und 0,55%
an Stickstoff zwischen 0,10 und 0,99%.

Noch mehr können sich die einzelnen Marschböden in ihrem Gehalt an „Ton“ unterscheiden; es sind das die Bestandteile, die den Marschböden die zähe Beschaffenheit verleihen, weshalb man Marschböden auch als schwere Böden bezeichnet. Im Marschenboden gehen natürlich dauernd Umwandlungen meist chemischer Art vor sich; es werden dabei vor allem die Chlorverbindungen ausgewaschen und das Kalziumkarbonat ausgelaugt. So haben ältere Marschböden kaum noch einen nachweisbaren Gehalt an Kalziumkarbonat. Die

[1]) Bericht über die Tätigkeit der Marschkulturkommission. Von Geh. Rat Prof. Dr. Tacke in Bremen. P. Parey, Berlin, 1920.

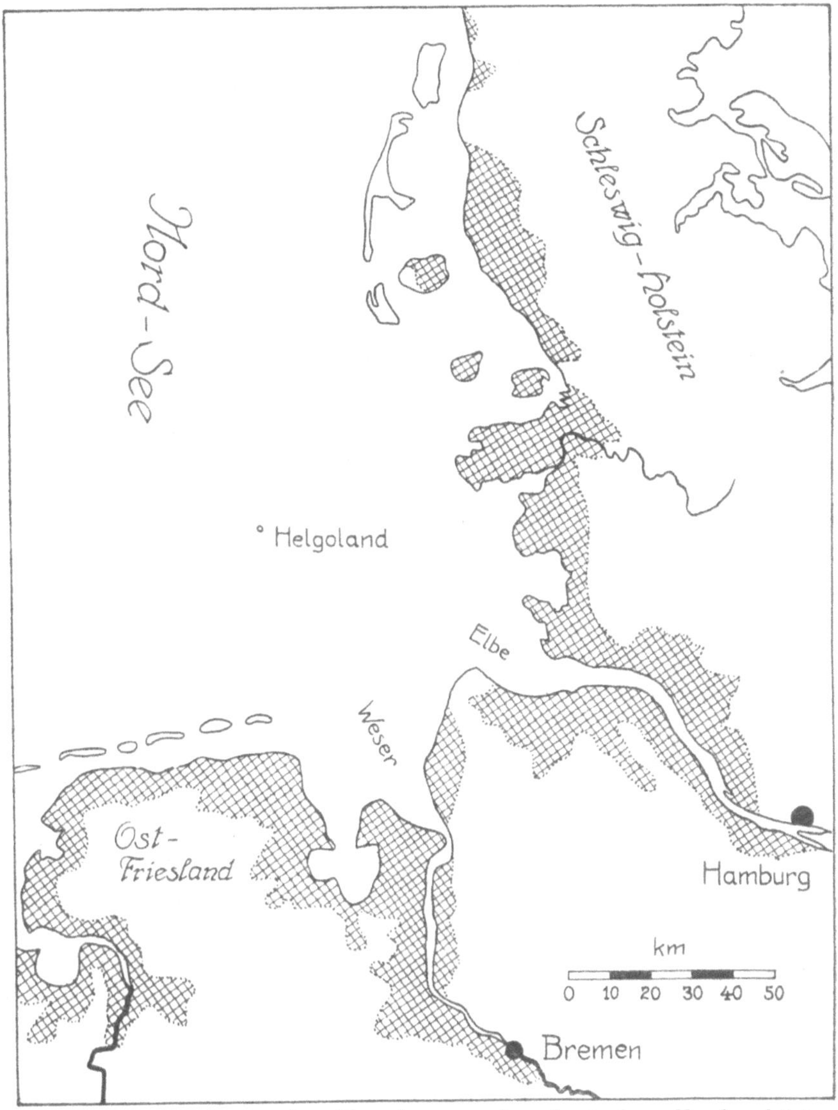

Abb. 36. Verbreitung der Marschen an der deutschen Nordseeküste.

Folge dieser Auslaugung ist u. a. das Fernbleiben der so wichtigen Krümelstruktur.

Eine weitere Folge der Entziehung des Kalkgehaltes ist die Bildung des sog. Knicks und der Pulvererde in älteren Marschböden. Der Knick ist eine sehr feinkörnige, eisenschüssige Masse, die beim Austrocknen steinhart und infolgedessen für Wurzeln und Wasser völlig undurchlässig ist. Im Gegensatz dazu steht die Pulvererde, die einen hohen Gehalt an Pflanzenresten, vor allem an Phragmites communis, hat. Die Zersetzung dieser Pflanzenreste führt zur Bildung von Eisenbisulfid (FeS_2). An sich ist dieses dem Pflanzenwuchs nicht schädlich, kommt es aber mit Wasser und Sauerstoff in Berührung, so entstehen daraus die beiden starken Pflanzengifte Ferrosulfat und freie Schwefelsäure. Und das ist eben bei der Pulvererde der Fall. In gutem Marschboden ist mitunter auch Eisenbisulfid enthalten, seine schädliche Wirkung durch Zersetzung wird durch das Vorhandensein von Kalziumkarbonat neutralisiert (vgl. S. 22).

Über den Unterschied von Marsch und Geest vgl. S. 45.

Die Bildung des Seemarschenbodens geht auch heutzutage noch vor sich, bei uns vor allem an der Nordseeküste aus dem Schlick, der von Ems, Jahde, Weser und Elbe zugeführt wird. Die Nutzbarmachung geht dabei folgendermaßen vonstatten. Wenn die Schlickablagerungen eine gewisse Höhe erreicht haben, dann werden diese Gebiete durch flache Deichanlagen, sog. Sommerdeiche, gegen das offene Meer abgegrenzt. Die so eingedeichten oder „eingepolderten" Gebiete, die man auch als „Polder", „Koge" oder „Groden" bezeichnet, können dann als Weide oder zum Anbau von Sommerpflanzen benutzt werden. Jenseits der Deiche, dem offenen Meere zugewandt, liegt das „Vorland" oder der „Außengroden", der nur Weidezwecken dient. Nach einigen Jahren werden die Sommerdeiche beträchtlich an Höhe und Stärke zu den sog. Winterdeichen ausgebaut; damit kann dann das durch die Winterdeiche eingeschlossene Gebiet bewohnbar gemacht und beackert werden. Auf diese Weise sind allein an der schleswig-holsteinschen Küste in den letzten sechzig Jahren ca. 10000 Hektar höchst fruchtbaren Bodens gewonnen worden.

Flußmarsch- oder Aueböden haben in vieler Beziehung mit den Seemarschböden große Ähnlichkeit. Wie viele tertiäre Tone zeigen diese Flußmarschböden eine dichte Einzelkornstruktur, die Krümelstruktur nur langsam annehmen, da ihr Gehalt an Humusstoffen und Kalk geringer ist als in den Seemarschböden. Sie können sich durch Zurücktreten des Tongehaltes in der Beschaffenheit den Lehmböden sehr nähern.

Über den Charakter einiger Schlickarten unterrichtet die

folgende Tabelle; 1, 2 und 4 geben Nährstoffbestimmungen, 3 eine Gesamtanalyse. Es ist: 1 und 2 alluvialer Schlick aus der Gegend von Breslau, 3 Wattenschlick, von Langeoog, 4 alluvialer Schlick von Senftenberg i. d. Lausitz.

Bestandteile	Gehalt in Prozenten			
Tonerde	3,47	3,04	1,00	2,07
Eisenoxyd	4,90	4,15	1,74	1,38
Kalkerde	0,50	0,47	3,56	0,30
Magnesia	0,63	0,65	1,83	0,14
Kali	0,37	0,58	1,36	0,12
Natron	0,20	0,23	0,62	0,05
Schwefelsäure	Spur	Spur	0,32	Spur
Phosphorsäure	0,20	0,13	0,11	0,09
Kohlensäure	Spur	Spur	3,03	Spur
Humus	1,92	1,97	4,49	8,46
Stickstoff	0,13	0,18	0,25	0,36
	1	2	3	4

f) Kalk- und Mergelböden.

Zu dieser Gruppe von Böden werden solche gerechnet, die außer einem Gehalt an Kalziumkarbonat oder an Kalziumkarbonat und Magnesiumkarbonat noch wechselnde Mengen von tonigen und sandigen Bestandteilen besitzen. Reichlicher Gehalt an Kalziumkarbonat ist selten, da dieses meist ausgelaugt ist. Bei den eigentlichen Kalkböden treten tonige und sandige Beimengungen ganz zurück, Dolomitböden haben etwa gleiche Mengen an Kalzium- und Magnesiumkarbonat, während Mergelböden größere Mengen von Kalziumkarbonat in einer sandigen oder tonigen oder tonigsandigen Grundmasse führen.

Was zunächst die eigentlichen Kalkböden anlangt, so haben diese stets einen mehr oder weniger reichlichen Gehalt an Kalziumkarbonat (bis zu 80%), der ihnen meist in Gestalt von reichlichen Kalksteinstücken beigemengt ist. Wegen dieser steinigen Beschaffenheit des Bodens, wegen des damit verbundenen leichten Austrocknens und wegen der Armut an Pflanzennährstoffen gehören sie zu den unfruchtbarsten Böden. Sie finden sich auf den Kalkgesteinen der Kreide und des Muschelkalkes. Anpflanzungen auf derartigen Kalkrücken sind äußerst schwierig und nur selten erfolgreich. Das einzige, was auf derartigen Kalkhängen noch gedeiht, sind Dornbüsche, sog. Dreisch (Abb. 37.) Reine Kalkböden sind hitzige Böden, denn in ihnen gehen die Umsetzungsvorgänge so rasch vor sich, daß die dadurch entstehenden Nährstoffe den Pflanzen wieder verloren gehen.

Im Gegensatz zu den reinen Kalkböden sind die Mergelböden von erheblicher Fruchtbarkeit. Im einzelnen kann man hier nach dem Kalkgehalt unterscheiden: tonige und lehmige Mergelböden mit über 30% Kalziumkarbonat, mergelige Ton- und Lehmböden (mit 2—30% Kalziumkarbonat). Die günstigsten

Abb. 37. Beispiel für einen Kalkboden. Nur anspruchslose Gräser und Dornbüsche (Dreisch) können auf ihm gedeihen. Kalkboden des Oberen Muschelkalkes, Giesener Berge bei Hildesheim. *J. Hesemann* phot.

Mergelböden sind solche mit mittlerem Ton- und Kalkgehalt: die Krümelbildung ist gut, die Wasserkapazität hat ein günstiges Maß und die Erwärmung und Durchlüftung des Bodens ist vorteilhaft. Dadurch bildet sich leicht Humus und das Kalziumkarbonat begünstigt sehr die Umwandlung des Stickstoffes der Pflanzen in Salpetersäure. Aus diesen Gründen gehören die Mergelböden zu den tätigen Böden. Bei den tonigen Abarten richtet sich der Bodenwert durchweg nach dem Grade der Krümelung; sind derartige Böden einmal völlig ausgetrocknet, so dringt Wasser nur schwer wieder ein, und der Boden zeigt dann ungünstige Beschaffenheit. Besonders auffällig ist dieses Verhalten bei der Hasselerde der Thüringer Kalkberge und bei der sog. Terra rossa der Karstgebiete.

Die im folgenden gegebenen Analysen sind bei 1 und 2 Nährstoffbestimmungen, bei 3 bis 5 Gesamtanalysen des Kalkbodens (3 bis 5 ausgeführt von O. Lüdecke, angeführt in K. Glinka, Die Typen der Bodenbildung, 1914, S. 217). 1 ist Wiesenkalk aus der Gegend von Lingen, 2 do. aus der Gegend nördlich von Hamburg; die übrigen sind Analysen von Muschelkalkboden, und zwar 3 und 4 von Roringen, 5 von Deppoldshausen, beide bei Göttingen.

Bestandteile	Gehalt in Prozenten				
Tonerde	—	0,96	3,89	6,55	8,37
Eisenoxyd	2,10	2,08	3,89	8,3	3,95
Kalkerde	—	25,78	11,72	2,91	0,53
Magnesia	—	0,86	5,57	0,82	0,46
Kali	—	0,16	0,25	0,46	0,56
Natron	—	0,12	0,2	0,12	0,12
Schwefelsäure	—	0,17	0,34	0,12	0,15
Phosphorsäure	0,01	0,13	0,17	0,11	0,18
Kohlensäure	25,56 [1]	16,30	14,5	2,49	0,04
Humus	19,05	6,95	—	—	—
Stickstoff	—	0,25	—	—	—
	1	2	3	4	5

g) Humusböden.

Zu Humusböden werden alle Sand-, Ton-, Lehm- und Kalkböden durch größere Beimengungen von humosen Stoffen. Letztere haben die genannten Böden vielfach zu recht fruchtbaren Böden umgewandelt. Denn Humusstoffe fördern die Krümelstruktur (vgl. S. 75). Auf diese Weise wird die Wasserkapazität der Sandböden vergrößert, die der Tonböden verringert, der Boden stets besser durchlüftet. Durch den Humusgehalt wird der Boden auch mit Stickstoff angereichert. Das ist ein entschiedener Vorteil, aber häufig fördert der Stickstoffgehalt auch starkes Wachstum von Unkräutern. Gelegentlich werden Spätfröste und das Auffrieren des Bodens durch die Humusstoffe begünstigt. Alle Eigenschaften der Humusböden werden naturgemäß stark bestimmt durch die Zusammensetzung des Humus. Diese ist wieder abhängig von den humusbildenden Pflanzen. Milder Humus, der aus kalkreichen Pflanzen entstanden ist, wirkt besser als der saure Humus, der aus Heidekräutern und Torfmoosen hervorgeht und für die Heidesande kennzeichnend ist.

[1]) Entspricht 58,1% $CaCO_3$.

Böden mit mildem Humus sind z. B. die aus dem Löß hervorgegangenen Humusböden, die von ganz außerordentlicher Fruchtbarkeit sind. Derartige Böden gibt es vor allem im südwestlichen Rußland im Gebiet des Dnjepr, Don und der Wolga in Gestalt der Schwarzerde, die dort „Tschernosem" heißt[1]). Unter anderem Gesichtspunkt kann man hierher auch den schon genannten (vgl. S. 126) kujawischen Boden des Odergebietes rechnen.

Die folgenden Nährstoffbestimmungen von Humusböden beziehen sich auf Moorerde und Moormergel. Es ist 1 Moorerde aus der Gegend von Breslau, 2 und 3 do. aus der Gegend von Lingen a. d. Ems, 4 aus der Gegend nördlich von Hamburg, 5 Moormergel aus der Gegend von Posen.

Bestandteile	Gehalt in Prozenten				
Tonerde	3,52	0,35	0,88	—	1,436
Eisenoxyd	4,08	1,33	6,91	—	1,170
Kalkerde	1,38	0,19	0,31	—	4,408
Magnesia	0,53	0,02	0,17	—	0,480
Kali	0,36	0,05	0,11	—	0,178
Natron	0,11	0,06	0,25	—	0,082
Schwefelsäure	Spur	0,03	Spur	—	0,083
Phosphorsäure	0,23	0,07	0,38	—	0,151
Kohlensäure	Spur	Spur	Spur	—	2,575
Humus	9,78	5,13	23,40	22,44	5,732
Stickstoff	0,55	0,30	0,85	1,35	0,358
	1	2	3	4	5

h) Moorböden.

Was die Moorböden (Abb. 29, 30, 32) anlangt, so können wir uns hier in der Besprechung kurz fassen, da besonders auf ihren Bau und ihre Bildung schon näher eingegangen ist (S. 79 f.). Die bisher besprochenen Böden rechnet man zu den Mineralböden, für die das Überwiegen mineralischer Bestandteile gegenüber den brennbaren Substanzen charakteristisch ist. Bei den Moorböden herrschen die brennbaren Bestandteile durchaus vor. Gegenüber den Mineralböden sind sie weiter durch ihren recht hohen Wassergehalt gekennzeichnet; Moorböden sind daher stets nasse oder kalte Böden. Damit im Zusammenhang steht die schwere Durchlüftbarkeit der Moorböden, die stets zu Zersetzungsprozessen von recht

[1]) Vgl. die Analysentabelle auf S. 144.

ungünstigem Charakter führt. Die Moorböden können aber ihre Bodeneigenschaften wesentlich verbessern, wenn ihnen ihr Wasser in geeigneter Weise entzogen wird, wie das heute vielfach bei der Kultivierung der Moore geschieht. Eine solche Wasseranzapfung wandelt sie relativ schnell zu recht günstigen Böden um, doch darf die Wasserentziehung nicht zu stark sein, da ein zu stark ausgetrockneter Moorboden nur sehr schwer Wasser wieder aufnimmt. Die günstigen Eigenschaften des richtig behandelten Moorbodens sind vor allem seine schnelle Erwärmung (infolge der dunklen Farbe) sowie sein günstiges Kapillarvermögen; eine Folge des letzteren ist die Fähigkeit, die Niederschläge stark im Innern festzuhalten.

Die Moorböden gehen aus Pflanzenablagerungen hervor. Je nach der Art der an diesen Ablagerungen wesentlich beteiligten Pflanzen wechselt naturgemäß auch der Gehalt an Pflanzennährstoffen. Allgemein läßt sich nur sagen, daß der Gehalt an Kaliumverbindungen in allen Moorböden sehr gering ist. Die aus Hochmooren hervorgegangenen Böden haben meist einen geringen Gehalt an Kalzium- und Stickstoffverbindungen, so daß sie mit derartigen Stoffen gedüngt werden müssen. Bei den aus Niederungsmooren hervorgegangenen Böden ist das infolge des meist hohen Gehaltes an den genannten Stoffen nicht nötig. Dadurch und durch die reicheren Beimengungen von Quarzsand, Ton, Wiesenmergel und Eisenverbindungen stehen die Böden der Niederungsmoore in der landwirtschaftlichen Nutzung weit günstiger. Der höhere Kalkgehalt der Niederungsmoorböden begünstigt die Humusbildung und infolgedessen gehen die Stickstoff-, Kali-, Kalk- und Magnesiaverbindungen dieser Böden leicht in Pflanzennahrung über. Noch schneller werden die bei der Humusbildung entstehenden Mineralstoffe des Moorbodens für die Pflanzen aufnehmbar durch die sog. Brandkultur des Moorbodens, die allerdings heute, da sie längst als eine Raubkultur schlimmster Art erkannt ist, nur noch selten angewandt wird. Durch derartiges Moorbrennen werden die humussauren Salze zu Karbonaten umgewandelt, und ein Teil des Stickstoffs geht in Ammoniak über.

Aufs Ganze gesehen, stellen sich die Bodenverhältnisse der Niederungsmoorböden durchweg günstiger als die der Hochmoorböden. Doch ist nicht zu vergessen, daß Hochmoorböden einen größeren Wasservorrat besitzen als Niederungsmoorböden und das ist in regenarmen Zeiten von Bedeutung.

Die Zusammensetzung der hauptsächlichsten Torfarten gestaltet sich folgendermaßen. Die Analysen stammen von Proben aus dem Bourtanger Moor bei Lingen a. d. Ems und es bedeutet: 1 Niederungstorf, 2 Übergangstorf, 3 älterer Hochmoortorf, 4 jüngerer Hochmoortorf.

Bestandteile	Gehalt in Prozenten							
	Tiefe 1 dcm		Tiefe 15 dcm		Tiefe 15 dcm		Tiefe 1 dcm	
	naß	trocken	naß	trocken	naß	trocken	naß	trocken
Tonerde	0,046	0.27	0,009	0,081	0,003	0,028	0,243	0,706
Eisenoxyd	0,835	4,90	0,028	0,271	0,015	0,153	0,840	2,420
Kalkerde	0,232	1,36	0,013	0,126	0,011	0,106	0,282	0,817
Magnesia	0,004	0,03	0,009	0,087	0,027	0,266	0,075	0,219
Kali	0,005	0,02	0,002	0,018	0,004	0,044	0,033	0,096
Natron	0,012	0,07	0,004	0,036			0,065	0,190
Schwefelsäure	0,141	0,83	0,044	0,432	0,009	0,089	0,023	0,067
Phosphorsäure	0,030	0,17	0,005	0,044	0,003	0,031	0,100	0,290
Kohlensäure	Spur	Spur	—	—	—	—	—	—
Stickstoff	0,540	3,18	0,056	0,549	0,080	0,791	0,644	1,866
Organ. Substanz	—	—	10,135	98,793	10,053	99,154	24,440	70,807
	1		2		3		4	

1 und 4 sind Nährstoffbestimmungen, 2 und 3 Gesamtanalysen.

III. Klima und Bodenbildung.

a) Allgemeines.

Es wurde bereits auf S. 117 erwähnt, daß die Hauptfaktoren der Bodenbildung klimatischer Natur sind oder in ihrer Wirkung sehr durch das Klima bedingt sind. Eine Gliederung der verschiedenen Bodenarten kann daher auch nach klimatischen Gesichtspunkten geschehen. Nach der Menge der Niederschläge kann man zunächst die beiden großen Gruppen von Böden humider und arider Gebiete unterscheiden (Tafel 2). In humiden Gebieten überwiegen die Niederschläge die Verdunstung; in ariden Gebieten könnte mehr verdunsten als durch die Niederschläge geliefert wird. Dieses Verhältnis von Niederschlagsmenge und Verdunstung hat naturgemäß einen erheblichen Unterschied in den Eigenschaften der Böden humider und arider Gebiete zur Folge. Dieser Unterschied kommt zunächst in der chemischen Zusammensetzung zum Ausdruck. Nach Hilgard, der in dieser Beziehung zahlreiche Untersuchungen angestellt hat, kann man diesen Unterschied in folgender Tabelle zusammenfassen:

Stoffe	Böden humider Gebiete	Böden arider Gebiete
K_2O	0,21	0,67
Na_2O	0,14	0,35
CaO	0,13	1,43
MgO	0,29	1,27
Fe_2O_3	3,88	5,48
Al_2O_3	3,66	7,41
P_2O_5	0,12	0,16
SO_3	0,05	0,06
lösliche SiO_2	4,04	—
Humus	1,22	1,13
Stickstoff	—	0,13

Die Böden arider Gebiete werden infolge der kaum vorhandenen Auswaschung an Verwitterungsprodukten und damit auch an Salzen angereichert, sie sind also reicher an löslichen Stoffen als die Böden humider Gebiete, in denen die Auswaschung und damit die Wegfuhr löslicher Stoffe weit größer ist. Sehr schön ist der Einfluß der Auswaschung an den Stoffen CaO, MgO, Fe_2O_3, Al_2O_3 der obigen Tabelle zu erkennen. Da P_2O_5 schwer löslich ist, macht sich hier der Unterschied kaum geltend.

Böden humider Gebiete haben vorwiegend tonigen Charakter, während die Böden arider Gebiete feinkörnig und feinsandig erscheinen; letzteres wird wesentlich bedingt durch den völligen Mangel oder das sehr geringe Maß der kolloiden Aufquellung.

Ein weiterer Gegensatz zwischen den genannten beiden großen Bodengruppen kommt in dem Verlauf des Zersetzungsprozesses organischer Stoffe zum Ausdruck. Rasche Verwesung findet in ariden Gebieten statt und die übrigbleibenden humosen Stoffe sind nicht kolloid aufgequollen. Im Gegensatz dazu verläuft der Zersetzungsprozeß in humiden Gebieten langsam, die Böden sind humusreich und kolloid aufgequollen. Damit im Zusammenhang steht, daß Humusablagerungen, also z. B. die Moore, sich fast nur in humiden Gebieten finden; in ariden Gebieten sind sie selten.

Eine weitere Gliederung der Bodenarten kann nun ferner geschehen nach der vom Klima abhängigen Wirksamkeit der einzelnen Verwitterungsvorgänge. Wir erkannten früher, daß der Verwitterungsprozeß physikalischer und chemischer Natur ist. Je nach dem Vorherrschen der einen oder anderen Art können wir daher unterscheiden: 1. Böden des Gesteinszerfalls, in denen die physikalische Verwitterung vorherrscht, und 2. Böden der Gesteinszersetzung mit Vorherrschen der chemischen Verwitterung. Nach dieser Einteilung betrachten wir kurz die verschiedenen Bodenarten in humiden und ariden Gebieten.

b) Böden des Gesteinszerfalles.

Der Gesteinszerfall kann beruhen auf den Sprengwirkungen des Eises (in arktischen und Hochgebirgsgegenden) oder des starken Temperaturwechsels (in Wüstengebieten); im ersten Fall haben wir es mit den Böden humider, im zweiten Fall mit denen arider Gebiete zu tun (Tafel 2).

In humiden Gebieten entsteht unter den vorherrschenden Wirkungen des Eises ein erdarmer flachgründiger Boden, der reich ist an eckigen Gesteinsbruchstücken verschiedener Größe. Das Ausgangsprodukt des Bodens, der anstehende Felsen, tritt oft zutage. Die Ablagerung von Humus ist je nach der Pflanzenwelt verschieden. In arktischen Gebieten herrschen vielfach Flechten vor, die natürlich einen humusarmen Boden ergeben; anderer Pflanzenwuchs ergibt durchweg einen hohen Humusgehalt. Letzteres gilt insbesondere auch für die Böden der Hochgebirge. Charakteristisch für die Böden in arktischen Gebieten ist die reichliche Bildung von Hochmooren. Das sehr geringe Maß chemischer Zersetzung der Gesteine in arktischen Gebieten sowie die weite Verbreitung der Flechten, die, wie erwähnt, dem Boden nur sehr geringen Humus liefern, erklären die hochgradige Nährstoffarmut der arktischen Böden. Die Böden der Hochgebirge stehen in dieser Beziehung zumeist besser da.

In den ariden Gebieten sind es vor allem die ausgedehnten Wüstenbildungen, die durch den Zerfall der Gesteine entstehen. Dem starken Temperaturwechsel, der den Gesteinszerfall hervorruft, steht helfend zur Seite die Aufarbeitung der Bruchstücke durch den Wind. Es entstehen dadurch fein- bis mittelkörnige Sande, die oft als Dünen recht große Gebiete bedecken. Nackter Felsen tritt überall mehr oder weniger zutage. An Ausscheidungen findet sich nur Kalk, der vor allem im gemäßigtem Wüstenklima auftritt und den Boden zu festen Schichten verkittet.

c) Böden der Gesteinszersetzung.

Was zunächst die hierher gehörigen Böden humider Gebiete betrifft, so sind ihre Eigenschaften durchweg abhängig von den Klimazonen (Tafel 2). So gehören in den tropischen Gebieten hierher vor allem der Laterit und die Roterden, im gemäßigten Klima die Braunerden, und im kühlen gemäßigten und kalten Klima die sog. Podsolböden.

Als Laterit bezeichnet man lebhaft rote, rotbraune, also stark eisenschüssige, z. T. tonige, z. T. wesentlich aus Aluminiumhydroxyd bestehende kolloidale Verwitterungsprodukte, die die typische Bodenart der Tropen darstellen. Ihre Entstehung ist auf weitgehende Auslaugung sehr verschiedener Gesteine bei fehlenden Humusstoffen zurückzuführen. Entweder finden sie sich noch am Orte ihrer Umwandlung (eluviale Laterite) oder sind an anderen Stellen als alluviale Laterite zusammengeschwemmt. Z. T. sind es schlackig-zellige Produkte, in denen der Eisengehalt angereichert ist, oft so stark, daß sich förmliche Eisenerzkonkretionen von Nuß- und Kopfgröße mitunter finden. Der Auslaugungsprozeß hat die Alkalien bis auf Spuren fortgeführt, Kalk und Magnesia sind nur noch in kleinen Mengen vorhanden.

In der Farbe ähneln die Roterden sehr dem Laterit; sie kommen wie der Laterit in den Tropen vor, außerdem auch in den subtropischen Mittelmeergebieten. Sie sind oft mit dem Laterit verwechselt worden. Für ihre Bildung scheint heißer Sommer und kühler, aber nicht kalter Winter maßgebend zu sein. Infolge der fast völligen Zersetzung der Pflanzenreste während der mäßig warmen, regenreichen Winterzeit fehlt den Roterden der Humus. Ihre Korngröße schwankt zwischen den Gliedern Sand und Ton, die rote Farbe wird wahrscheinlich durch rotgefärbte kolloide Eisenhydroxyde hervorgerufen, doch ist über die Entstehung dieser Eisenverbindungen noch nichts bekannt. Nach Wohltmann ist von den Lateriten über die Roterden bis zu den Gelberden, die sich in den Mittelmeerländern an das Gebiet der Roterden anschließen, eine kontinuierliche Reihe zu verfolgen, doch ist über diesen Zusammenhang, besonders über den Charakter der Gelberden noch außerordentlich wenig bekannt.

Über die chemische Zusammensetzung der Laterite und Roterden mag folgende Tabelle orientieren [1]).

Bestandteile	Gehalt in Prozenten							
Kieselsäure	34,81	4,54	24,62	12,6	11,81	7,50	2,01	2,35
Titansäure	4,89	8,99	8,12	3,24	4.50	14,08	6,49	6,61
Tonerde	33,18	41,35	23,89	34,71	33,10	0,14	58,23	57,50
Eisenoxyd	23,03	40,87	37,85	22,76	24,47	62,08	5,48	6,53
Eisenoxydul	2,34	2,52	2,08	1,26	0,61	—	—	—
Manganoxyd	0,28	0,08	0,25	—	—	0,09	—	—
Kalkerde	Spur	Spur	Spur	0,63	1,74	0,02	0,45	0,15
Magnesia	0,39	0,37	0,99	0,16	1,22	—	—	—
Kali	—	—	—	0,32	0,35	—	—	—
Natron	Spur	Spur	0,41	0,14	—	—	—	—
Glühverlust	—	—	—	23,70	23,10	15,60	28,10	26,94
	1	2	3	4	5	6	7	8

1—3 = Verwitterungsprodukte von Laven der Hawaiinseln, 4 und 5 = Verwitterungsprodukte von Diabasen, 6 = Eisenkruste von Surinam, 7 und 8 = indische Laterite.

In Mitteleuropa überwiegen an Ausdehnung die sog. Braunerden. Sie bilden sich im gemäßigten Klima dort, wo die Auswaschung i. a. Mittelwerte erreicht. So sind in ihnen z. B. Eisen, Tonerde und Phosphorsäure nicht oder nur in geringem Maße ausgewaschen, während alle löslichen Salze mitsamt den Sulfaten und Karbonaten in den oberen Bodenschichten ausgewaschen sind. Die Farbe der Braunerden stammt von dem in ihnen enthaltenen Eisenoxydhydrat und ist gelb, tiefbraun oder rotbraun. Die meist schmutzige Tönung dieser Farben wird hervorgerufen durch den meist hohen Humusgehalt. Mehr als bei den bereits genannten Bodenarten macht sich hier der Einfluß des Grundgesteins geltend, so daß man dann von Basalt-, Granit-, Buntsandstein- usw. Boden spricht, wobei aber allen diesen Spezialgruppen doch der Charakter als Braunerden bleibt.

Diejenigen Böden der humiden kälteren Gebiete, die stark ausgewaschen sind, bezeichnet man als Podsolböden; unter diesen sind die Grauerden und die Bleicherden nur z. T. verstanden. Charakteristisch für die Podsolböden ist zunächst der Gehalt an saurem Humus sowie die Erscheinung, daß das Eisen in den oberen Schichten dieser Böden fortgeführt ist. Die starke Aus-

1) Nach K. Glinka, Die Typen der Bodenbildung. Gebrüder Borntraeger, Berlin 1914. S. 58.

waschung entfernt alle löslichen und angreifbaren Bodensubstanzen, auch Phosphorsäure. Charakteristisch ist ferner der Gehalt an kolloid aufquellbaren Humusstoffen, die oft eine Durchschlämmung der tonigen Teile hervorrufen. Endlich ist kennzeichnend, namentlich für die besseren Podsolböden, ein Gehalt an Kaolingel. Die Podsolböden haben weiße bis graue ausgebleichte Farben. Lokal beschränkt sind Eisenkonkretionen, während Ortsteinbildung häufiger auftritt.

Über die Zusammensetzung von Podsolböden orientieren die folgenden Analysen [1]).

a) Auf Granit entstandener Podsol, vom Becken des Flusses Tungir im Jablonowojgebirge, Transbaikalien.

Bestandteile	Gehalt in Prozenten			
Kieselsäure	66,86	74,01	63,60	74,87
Tonerde	13,38	13,78	17,10	13,82
Eisenoxyd	1,71	1,95	4,50	1,92
Manganoxyduloxyd	0,04	0,04	0,08	0,04
Kalkerde	1,38	0,92	0,69	0,63
Magnesia	0,14	0,13	0,45	0,40
Kali	2,36	2,28	4,12	3,96
Natron	1,56	1,75	3,46	2,62
Humus	10,94	1,25	2,29	—
Glühverlust	12,78	5,02	6,00	1,21
	1	2	3	4

1 = Humoser, torfiger Horizont; 2 = Weißlicher, ununterbrochener Horizont; 3 = Bräunlichgelber, feinerdiger Horizont; 4 = Granit.

b) Auf einem dioritartigen Gestein entstandener Podsol, von derselben Lokalität.

Bestandteile	Gehalt in Prozenten			
Kieselsäure	—	69,55	62,22	54,74
Tonerde	—	14,96	17,93	21,28
Eisenoxyd	—	3,08	4,58	2,46
Eisenoxydul	—	—	1,85	6,38
Manganoxyduloxyd	—	Spur	0,31	0,43
Kalkerde	—	1,62	2,08	5,65
Kali	—	2,15	2,04	0,74
	1	2	3	4

[1]) Nach K. Glinka, Die Typen der Bodenbildung. Gebrüder Borntraeger, Berlin 1914. S. 77—78.

Die vorwiegend aus Gesteinszersetzung entstandenen Böden der ariden Gebiete sind mit Ausnahmen derjenigen des gemäßigten Klimas kaum bekannt.

Die mittelasiatischen Hochebenen, Tibet usw., sind kalte aride Gebiete, deren Böden sehr reich an Sanden sind. Näheres ist darüber nicht bekannt. Was als Savanen bezeichnet wird, sind ausgedehnte Grasfluren mit sporadischem Baumwuchs, die sich in ariden Gebieten befinden, über die wir aber kaum unterrichtet sind. Für viele Böden der ariden subtropischen und tropischen Gebiete ist die Abscheidung von Kalkschichten eigentümlich; es ist das eine Folge der starken Verdunstung der Bodenfläche. Hat der Boden solcher Gebiete hohen Gehalt an Salzen, so entstehen sog. Salzböden, auf denen die Salze ausblühen. Charakteristisch für aride Gebiete sind auch die Steppenböden, zu denen außer den eigentlichen Steppen auch der Löß und die Schwarzerden gehören.

α) Salzböden.

Das Kennzeichnende der Salzböden ist der Reichtum an leicht löslichen Verbindungen, vor allem an Natriumsulfat und Magnesiumsulfat; Chlornatrium spielt meistens nur eine untergeordnete Rolle. Stark beeinflußt werden die Eigenschaften der Salzböden durch Natriumkarbonat, das meistens in geringer Menge vorhanden ist; deshalb unterscheidet man in Amerika die Na_2CO_3-haltigen Soda- oder Schwarzalkaliböden von den Weißalkaliböden, die neben Natrium- und Magnesiumsulfat noch Kochsalz enthalten.

β) Steppenböden.

Zu diesen gehören Bodenarten, die sich nach ihrem Gehalt an Humus in zwei große Gruppen gliedern lassen. Der Humusgehalt ist bedingt durch den Pflanzenwuchs und durch die Schnelligkeit seiner Zersetzung. So sind hell gefärbte Bodenarten für diejenigen Steppen kennzeichnend, die geringen Pflanzenwuchs und relativ starke Zersetzung der Pflanzenreste aufweisen. Fast stets finden sich in derartigen Böden kleine Mengen von Soda; Konkretionen von $CaCO_3$ und $CaSO_4$ sind ihnen wie allen Böden arider Gebiete eigen.

Hinsichtlich der landwirtschaftlichen Nutzung stehen diejenigen Steppenböden wesentlich günstiger, die infolge höherer Niederschlagsmengen und langsameren Verlaufs des Verwesungsprozesses an humosen Stoffen erheblich angereichert werden. Durch den beträchtlichen Humusgehalt nehmen derartige Böden eine dunkle, braune bis schwarze Farbe an, weshalb sie allgemein als Schwarzerden bezeichnet werden.

γ) Schwarzerden.

Die Schwarzerden sind dank der eingehenden Untersuchungen russischer Forscher (Dokutschajew, Kostytschew, Wysotzki u. a.) gut bekannt. Sie haben ihre größte Verbreitung in Südrußland und lenkten hier zuerst die Aufmerksamkeit der genannten Forscher auf sich. Außerdem finden sie sich in Galizien, in der Moldau, Walachei, in Ungarn, Mähren, Böhmen, Schlesien und die westlichen Ausläufer in der Magdeburger Börde (vgl. S. 126) und bei Braunschweig (vgl. die Analysen S. 127).

Die Farbe dieser Böden hängt naturgemäß von dem Gehalt an Humusstoffen ab und aus diesem Grunde unterscheiden die russischen Forscher: 1. die eigentliche Schwarzerde (Tschernosem), 2. die schokoladebraunen Böden und 3. die kastanienbraunen Böden. Je heller also die Farbe, desto stärker wirken i. a. die Faktoren des ariden Gebietes.

Das Vorkommen der Schwarzerden ist unabhängig von der Beschaffenheit des Untergrundes; sie finden sich auf Löß (nach Wahnschaffe bei Magdeburg), Ton, Kalkstein, Gneis usw. Die in wechselnden Mengen (2—16%) in den Schwarzerden vorkommenden Humusstoffe sind aus den zersetzten Wurzeln der Steppengräser hervorgegangen. Sie und die Mineralteile des Bodens bilden einheitliche Massen. Allen Schwarzerden ist eine ausgezeichnete Krümelung charakteristisch. Die geradezu sprichwörtliche Fruchtbarkeit der Schwarzerdeböden ist also bedingt durch den Gehalt an Humus und mineralischer Substanz, die beide infolge der geringen Auswaschung in ariden Gebieten dem Boden kaum entzogen werden.

Die Zusammensetzung derartiger Tschernosemböden aus dem Kreise Belaschow, Gouv. Saratow, Rußland sei in der folgenden Tabelle mitgeteilt [1]):

[1]) Nach Glinka, a. a. O. S. 126.

Bestandteile	Gehalt in Prozenten Tiefe 0—30 cm	Tiefe 30—55 cm	Tiefe 55—80 cm	Tiefe 80—110 cm
Kieselsäure	44,35	55,83	57,87	54,32
Tonerde	15,79	14,84	15,75	14,61
Eisenoxyd	4,52	5,16	5,19	4,83
Manganoxyd	0,07	0,08	0,09	0,10
Kalkerde	1,94	2,5	1,54	5,82
Magnesia	1,55	1,48	1,92	1,76
Kali	2,27	2,37	2,33	2,27
Natron	0,71	0,58	0,84	0,88
Kohlensäure	0,05	0,06	0,07	3,57
Phosphorsäure	0,22	0,18	0,16	0,16
Schwefelsäure	0,006	0,004	0,001	0,002
Steinsalz	0,007	0,004	0,003	0,003
Stickstoff	0,607	0,417	0,272	0,180
Humus	14,85	11,37	8,69	6,16

IV. Die Erkennung der Bodenarten mit Hilfe der auf ihnen wachsenden Pflanzen [1]).

a) Vorbemerkungen.

Der im Gelände kartierende Geologe bedient sich zur Feststellung stark wechselnder petrographischer Unterschiede, sowohl des Bodens wie der durch eine dünne Bodendecke verhüllten Gesteine gewisser Pflanzen, die nur für bestimmte Gesteine bzw. Böden charakteristisch sind. Er macht sich dabei die schon lange bekannte Erfahrung zunutze, daß gewisse Pflanzen oder Pflanzenvereine im allgemeinen an bestimmte Böden gebunden sind, eine Erfahrung, die jeder aufmerksame Praktiker leicht bestätigen wird (Abb. 38).

Wenn man mit Hilfe der Pflanzen die Eigenschaften von Bodenarten ungefähr bestimmen will, so muß man zunächst einiges beachten.

Nur in ganz vereinzelten Fällen können Pflanzen über die Zusammensetzung des Bodens genau orientieren; in den

[1]) Vgl. hierzu auch Potonié-Seitz, Geologie. (Bücherei für Landwirte. Herausgegeben von Prof. Dr. Hanns v. Lengerken.) Verlag Walter de Gruyter u. Co., Berlin und Leipzig. 1925. S. 179—185, an den sich dieser Teil eng anlehnt.

weitaus meisten Fällen handelt es sich immer um eine Art Wahrscheinlichkeitsschluß, der unter keinen Umständen verallgemeinert werden darf. Denn die Pflanze ist ein lebendes Wesen, das von seiner Umgebung, von Temperatur, Feuchtigkeit, Licht, Wind, Bodenbeschaffenheit, Organismen usw. abhängig ist. Verschiedene dieser Faktoren können in den jeweils dazu geeigneten Gebieten in der Wirkung einander ersetzen. So hat z. B. Trockenheit die gleiche Wirkung wie Kochsalzgehalt des Bodens, Niederschläge können

Abb. 38. Beispiel für die Abhängigkeit des Pflanzenwuchses von der Bodenbeschaffenheit. Die recht feuchten Wiesen liegen auf veränderten Sanden und Tonen des Tertiärs (Miozän), der Wald auf beiden Seiten des Tales steht auf Mittl. Bundsandstein. Ital bei Uslar im Solling. *G. Frebold* phot.

durch Luftfeuchtigkeit, Wärme durch Licht, Trockenheit durch Kälte, Kalkgehalt durch Lockerheit des Bodens vertreten werden.

Berücksichtigen wir das, so können wir die für uns wichtigsten Pflanzen gliedern in:

1. solche, die einen bestimmten Boden verlangen — bodenstete Pflanzen;

2. solche, die einen bestimmten Boden bevorzugen — bodenholde Pflanzen;

3. solche, die von einem bestimmten Boden unabhängig sind — bodenvage Pflanzen.

b) Verzeichnis der geologisch wichtigen Pflanzen.

1. **Pflanzen, die Grundwasser anzeigen.** Hier ist vor allem das gemeine Schilfrohr (Phragmites communis Trin.) zu nennen, das sich in Flach- und Hochmooren, in flachem Süß-, See- und Brackwasser, in Talgründen, in Dünentälern, mitunter im Laubwald auf Sand oder sogar in Äckern auf Sandstein usw. findet. Es sind das alles Stellen, an denen das Grundwasser dicht unter der Oberfläche steht. Ähnliches gilt von

den Weidenarten (Salix),

der Erle (Alnus glutinosa Gaert., A. incana DC.) und anderen.

Von besonderer Bedeutung sind diese Pflanzen bei der Anlage von Brunnen, beim Aufsuchen von Trinkwasser in Dünen, bei Entwässerungsanlagen, bei der Ermittlung von Wassertiefen in Seen (Schilf geht kaum tiefer als 2—2,5 m) usw.

2. **Feuchten tonigen Boden** (kalt, schwer, zäh) zeigen Binsen (Juncaceae) an.

3. **Feuchte Stellen schlechthin** werden mitunter durch Sumpfheide (Edelheide, Glockenheide = Erica Tetralix L.), Sumpfenzian (Gentiana Pneumonanthe L.), Sumpfschachtelhalm (Equisetum palustre L.) usw. gekennzeichnet.

4. **Kalkanzeigende Pflanzen.** Hier sind zu unterscheiden:

4 a. Auf reinem Kalkboden gedeihen verschiedene Orchideen (z. B. Frauenschuh, Cypripedium calceolus L.), Kornelkirsche (Cornus mas L.), wolliger Schneeball (Viburnum Lantana L.), verschiedene Enzianarten (z. B. Fransenenzian, Gentiana ciliata L.), Bergflockenblume (Centaurea montana L.), Habichtskräuter z. T. (Hieracium), echte Kuhschelle (Pulsatilla vulgaris Miller), großes Windröschen (Anemone silvestris L.), Wundklee (Anthyllis Vulneraria L.), Gauchheil (Anagallis coerulea Schrb.), Würgerarten (Orobanche), Edelweiß (Leontopodium alpinum Cassini) usw.

4 b. Ein gewisser Kalkgehalt des Bodens wird angegeben durch die Buche (Carpinus Betulus L.), die gleichzeitig Grundwasser anzeigt, durch Weißdorn (Crataegus), Schwarzdorn (Prunus spinosa L.).

Auf kalkigem Boden gedeihen Luzerne (Medicago sativa L.), Rotklee (Trifolium pratense L.) und andere Schmetterlingsblütler

(Papilionatae) besonders gut. Die gelbe Lupine (Lupinus luteus L.) hingegen bevorzugt kalkärmeren Boden; ebenso Kohl, Kohlrüben (?), Kartoffel, Buchweizen, Lein, Hanf. Diese Gewächse verlangen anscheinend einen gewissen Säuregrad des Bodens. Ähnlich verhalten sich Hafer und Roggen; Weizen und Gerste schätzen Kalk.

Eschen (Fraxinus excelsior L.) gedeihen auf humosem Kalkboden sehr gut. Kiefer (Pinus silvestris L.), Lärche (Larix decidua Miller), Esparsette (Onobrychis sativa Lmk.), Wundklee (Anthyllis Vulneraria L.) nehmen unter Umständen mit sandigem Kalkboden vorlieb. Huflattich (Tussilago Farfara L.) deutet auf kalkigen, zähen Boden (Tonmergel).

Von den Pflanzen, die für kalkreichen Boden kennzeichnend sind, finden sich im Walde, an Waldrändern, in Gebüschen: rauhe Gänsekresse (Arabis hirsuta Scopoli), Gemskresse (Hutchinsia petraea R. Br.), Diptam (Dictamnus albus L.), Sandfingerkraut (Potentilla arenaria Borkhausen), langblättriges Hasenohr (Bupleurum longifolium L.), gebräuchlicher Haarstrang (Peucedanum officinale L.), breitblättriges Laserkraut (Laserpitium latifolium L.), Bergaster (Aster Amellus L.), deutscher Alant (Inula germanica L.), Weidenalant (Inula salicina L.), Dauerlattich (Lactuca perennis L.), Berg-Steinsame (Lithospermum purpureo-coeruleum L.), blasses Knabenkraut (Orchis pallens L.), Holunder-Knabenkraut (Orchis sambucina L.), Fliegen-Ragwurz (Ophrys muscifera Hudson), Hundswurz (Anacamptis pyramidalis Richard), großblütiges Waldvögelein (Cephalanthera grandiflora Babington), rotes Waldvögelein (Cephalanthera rubra Richard), braunrote Sumpfwurz (Epipactis rubiginosa Gaud.), Bergflachs (Thesium montanum Ehrh.).

Auf Feldern, an Wegen, Triften, trockenen Weiden, sonnigen Abhängen: Adonisröschen (Adonis aestivalis L.), Frühlings-Teufelsauge (Adonis vernalis L.), Feld-Schwarzkümmel (Nigella arvensis L.), wohlriechender Schotendotter (Erysimum odoratum Ehrh.), Tännelflachs (Linaria Elatine Mill.), rundblättriges Hasenohr (Bupleurum rotundifolium L.), Breitsame (Orlaya grandiflora Hoffm.), Venuskamm (Scandix Pecten Veneris L.), Möhren-Haftdolde (Caucalis daucoides L.), blaues Kopfgras (Sesleria coerulea Arduino), Pfriemengräser (Stipa pennata L., St. capillata L.), Berg-Gamander (Teucrium montanum L.), Eberwurz (Carlina acaulis L.).

5. Auf **kalkarmem Boden** (meist sauer) finden sich: Sauer-

ampfer (Rumex Acetosella L.), Frühlingshungerblümchen (Draba verna E. Meyer), Pippau (Crepis biennis L.), Ackerschachtelhalm (Equisetum arvense L.), Wucherblume (Chrysanthemum segetum L.).

6. **Stickstoffanzeiger** (Ruderalpflanzen, Ammoniak-, Jaucheanzeiger) sind u. a. Kälberkropf (Chaerophyllum hirsutum Vill.), Brennessel (Urtica dioica L., U. urens L.), klebriges Labkraut (Gallium Aparine L.), Vogelmiere (?) (Stellaria media Cyrillo), weißer Gänsefuß (Chenopodium album L.), guter Heinrich (Chenopodium bonus Henricus L.), Bärenklau (Heracleum Sphondylium L.).

7. **Stickstoffmangel** wird wahrscheinlich durch Hungerblümchen (Draba), Saueramphe r (Rumex) und andere angezeigt; beide Pflanzen deuten schlechthin auf Armut.

8. **Sichere Kalianzeiger** sind nicht bekannt; einen gewissen Anhalt geben aber Ackergauchheil (Anagallis arvensis L.), schwarzer Nachtschatten (Solanum nigrum L.), Rapünzchen (Valerianella olitoria Moench.), weißer Gänsefuß (Chenopodium album L.).

9. **Gipspflanzen** haben kaum irgendeine Bedeutung, da man Gipsboden schon so an seiner ganz besonderen Kümmerlichkeit erkennen kann. Charakteristisch für Gipsboden sind eine Reihe Arten der Gattung Gypsophila (G. repens L., G. fastigiata L., G. paniculata L.) sowie Zwergsommerröschen (Helianthemum Fumana Mill.), Ohrlöffel-Leimkraut (Silene Otites Smith), Fahnwicke (Oxytropis pilosa DC.), stengelloser Tragant (Astragalus exscapus L.), Bergkronwicke (Coronilla montana Jacq.), leinblättriger Bergflachs (Thesium intermedium Schrader).

10. **Salzpflanzen** kommen sowohl am Meeresstrand wie in der Nähe von Salzquellen, Salinen usw. vor. Zu nennen sind: Milchkraut (Glaux maritima L.), Salzkraut (Salsola Kali L.), Glasschmelz (Salicornia herbacea L.), Strandgänsefüßchen (Suaeda maritima Dum.), Salzaster (Aster Tripolium L.), Sellerie (Apium graveolens L.), Salzschuppenmiere (Spergularia salina Presl.), meergrüne Sternmiere (Stellaria glauca Withering), liegendes Täschel (Capsella procumbens Fries), Eibisch (Althaea officinalis L.), Strandbeifuß (Artemisia maritima L.), Weidenlattich (Lactuca saligna L.), Bunge (Samolus Valerandi L.), Wegericharten (Plantago maritima L.), echter Widerstoß (Statice Limonium L.), Strandampfer (Rumex maritimus L.), Stranddreizack (Triglochin maritima L.), Ruppie (Ruppia maritima L.), Zannichellie (Zannichellia palustris L.), Binse (Juncus Gerardi Loiseleur), Strandsimse (Scirpus maritimus

L.), Roggensegge (Carex secalina Wahlenberg), Roggengerste (Hordeum secalinum Schreber).

11 a. Von **Sand- und Kiespflanzen** deuten auf große Mächtigkeit (mehr als 2 m) des Sand- und Kiesbodens z. B. Besenginster (Sarothamnus scoparius Wim.), Königskerze (Verbascum thapsiforme Schrader), u. U. Heidekraut (Calluna vulgaris Salisb.), Katzenpfötchen (Gnaphalium dioicum L.).

11 b. Auf naßkaltem Sand wächst die Vogelmiere (Stellaria media Cyrillo).

11 c. Auf losem Dünensand Strandgräser: Strandhafer (Elymus arenarius L. usw.).

11 d. Auf Braundünen findet sich Seedorn (Hippophae rhamnoides L.), der aber auch im Binnenlande auf reinem Kalk vorkommt; ferner Kiefer (Pinus silvestris L.), Bibernellrose (Rosa pimpinellifolia DC.); schmalblättriges Weidenröschen (Epilobium angustifolium L.) und Wachholder (Juniperus communis L.) zeigen schlechthin unfruchtbaren, leichten Boden an: Heidesand, Kalkschutt, reinen Sandsteinboden, verwitterten Torfboden usw.

11 e. Auf lehmigen Sandboden wachsen: Kornblume (Centaurea Cyanus L.), Kornrade (Agrostemma Githago L.), Hederich (Raphanus raphanistrum L.), Knöterich (Scleranthus annuus L.), Frühlingsehrenpreis (Veronica verna L.), Stiefmütterchen (Viola tricolor L.).

11 f. Mergeliger Sandboden trägt mitunter Brombeere (Rubus), Gelbklee (Medicago lupulina L.).

11 g. Auf humosem Sand findet sich gern die Quecke (Triticum repens L.) ein.

11 h. Quarzsandboden bevorzugen i. a. Bauernsenf (Teesdalea nudicaulis R. Br.), Feldspörgel (Spergula arvensis L.), rote Schuppenmiere (Spergularia rubra Presl.), Hartheu-Arten (Hypericum pulchrum L., H. humifusum L.), Ginster (Genista pilosa L.), Zwerglein (Radiola linoides Roth.), Schimmelkraut-(Filago-)Arten, Bergjasione (Jasione montana L.), Goldklee (Trifolium agrarium L.), Kronsbeere (Vaccinium vitis idaea L.), Ackerlein (Linaria arvensis Desf.), Feldziest (Stachys arvensis L.), Hainbinse (Nucula campestris DC.), Seggenarten (Carex praecox Schreber, C. arenaria L.), Mauerpfeffer (Sedum acre L.), kleiner Vogelfuß (Ornithopus perpusillus L.), Strohblume (Helichrysum arenarium DC.), Sandnelke

(Dianthus arenarius L.), Ackerkrummhals (Anchusa arvensis L.), Sandwegerich (Plantago arenaria W. & K.), Lammkraut (Arnoseris minima Link), gemeines Habichtskraut (Hieracium pilosella L.).

12. **Lehmboden.** Hier kann man unterscheiden:

12a. Auf humosem, leichtem Lehm kommt vor: Erdrauch (Fumaria officinalis L.), gemeines Kreuzkraut (Senecio vulgaris L.).

12b. Für gemeinen Lehmboden ist die Ackerdistel (Cirsium arvense Scop.) und die Süßkirsche (Prunus avium L.) ein untrügliches Kennzeichen; in Sandgebieten deutet die Stechpalme (Ilex Aquifolium L.) auf Lehm im Untergrund. Andere Unkräuter des Ackers und der Wiese gedeihen ebenfalls auf Lehmboden, sind jedoch nicht bezeichnend. Von Bäumen sind zu nennen: Eiche, Buche, Esche, Ulme, Ahorn, Tanne, Lärche; Eiche und Buche auf Sand deuten auf Lehm bzw. Mergel im nahen Untergrund.

12c. Auf schwerem Lehm finden sich eine Reihe von Hahnenfußarten (Ranunculaceae).

12d. Auf kaltem nassen Lehm kommt vor: Herbstzeitlose (Colchicum autumnale L.), gewisse Sauergräser u. a.

13. **Humusboden.**

13a. Flachmoortorf (meist kalk- und stickstoffreich, also keine Kalk- und Jauchedüngung nötig): Schilf, Gräser (besonders saure), Sumpfpflanzen, Erlen, später Brennesseln, weiterhin Birkenwälder usw.

13b. Hochmoortorf (nährstoffarm, Kalkung und Düngung nötig): Torfmoos (Heidekraut, wenn entwässert), Krüppelkiefern usw.

13c. Rohhumusdecken: Ericaceae (weniger Torfmoos) und andere anspruchslose Pflanzen; kümmerliches, doch bedeutend reicheres Wachstum als auf den Hochmooren.

14. **Ortstein im Boden** kennzeichnet sich u. U. durch Niedrigbleiben und Schirmwuchs der Kiefer und im übrigen dürftige Vegetation (meist Heide).

15. **Wasserpflanzen.** Armleuchteralgen (Chara-Arten) und andere kalkumkrustete Unterwassergewächse, z. B. Laichkraut (Potamogeton), Tausendblatt (Myriophyllum), Wasserpest (Elodea canadensis Rich. & Mchx.) deuten auf große Härte des Wassers (ungeeignet für Kesselspeisung, Wäschereien usw.); wo Torfmoos im offenen Wasser vorkommt, spricht es für Kalk- und Salzarmut des Wassers (sehr weiches Wasser).

Auf weitere geologisch wichtige Pflanzen, deren Zahl sich übrigens leicht vermehren ließe, sei hier nicht näher eingegangen. Die genannten genügen bereits, um die Bodenunterschiede des engeren Gebietes der Heimat herauszufinden.

G. Die Geologisch-Agronomischen Bodenkarten.

a) Vorbemerkungen.

In allen Kulturstaaten der Erde sind seit der Mitte des vergangenen Jahrhunderts wissenschaftliche Anstalten gegründet, die die besondere Aufgabe haben, das zu einem Staat gehörige Land in geologischer Beziehung, also auch mit Rücksicht auf Bergbau und Bodenverhältnisse, genau zu untersuchen und die gewonnenen Ergebnisse kartenmäßig zur Darstellung zu bringen. Es sind das die Geologischen Landesanstalten oder Landesaufnahmen, deren es in Deutschland folgende gibt:

Preußen (einschl. Thüringen und Braunschweig sowie noch anderer): Geologische Landesanstalt, Berlin N. 4, Invalidenstraße 44.

Sachsen: Geologische Landesuntersuchung, Leipzig, Talstr. 35.

Bayern: Geologische Landesuntersuchung, Geognostische Abteilung des Bayrischen Oberbergamtes, München, Ludwigstraße 16.

Württemberg: Geologische Abteilung des Statistischen Landesamtes, Stuttgart, Büchsenstr. 56 I.

Baden: Badische Geologische Landesanstalt, Freiburg i. Br., Bismarckstr. 7 und 9.

Hessen: Hessische Geologische Landesanstalt, Darmstadt, Paradeplatz 3.

Mecklenburg: Mecklenburgische Geologische Landesanstalt, Rostock, Neues Museumsgebäude.

Oldenburg: Hier wurde die geologische Landesaufnahme bisher von der Versuchs- und Kontrollstation der Oldenburgischen Landwirtschaftskammer ausgeführt.

Deutsch-Österreich: Geologische Staatsanstalt, Wien III/2, Rasumoffskygasse 23.

Die Darstellung der gewonnenen Ergebnisse erfolgt durchweg auf Karten von großem Maßstabe, in Deutschland allgemein auf Karten im Maßstabe 1 : 25000. Dies sind die sog. Meßtischblätter, die mit den geologischen Eintragungen versehen, als Geologische Spezialkarten käuflich zu haben sind. Obwohl auf derartigen Karten beträchtlich viel Einzelheiten dargestellt werden können, wird doch durchweg jeder Spezialkarte ein Heft mit Erläuterungen beigegeben, die den Interessenten über weitere Einzelheiten, so über Schichtencharakter und geologischen Bau, über Grundwasser- und Quellenverhältnisse, über bodenkundliche Verhältnisse usw. eingehend unterrichten.

Ursprünglich wurden auf diesen Karten außer den rein geologischen Verhältnissen nur diejenigen des Bergbaues berücksichtigt und daher kommt es, daß von dem gebirgigen Teile Deutschlands bereits weit mehr Kartenblätter erschienen sind als vom Flachland, in dem nur Alluvium, Diluvium, Tertiär und allenfalls etwas Kreide und Jura vorkommt. Da nun gerade im Flachland der landwirtschaftliche Betrieb weit mehr vorherrscht als im Gebirgslande, so hätte hier eine mit der Aufnahme des Gebirgslandes gleichzeitig einsetzende, speziell geologisch-agronomische Kartierung für die Landwirtschaft schon früh Bedeutsames leisten können. Hierzu kommt ein zweiter Punkt, der das späte Einsetzen der speziellen geologisch-agronomischen Aufnahme erklärt und zugleich entschuldigt: die Bodenkunde ist im Vergleich zur eigentlichen Geologie eine junge Wissenschaft, bei ihr haben sich die für die geologisch-agronomische Aufnahme bestimmenden Gesichtspunkte erst in den letzten drei bis vier Jahrzehnten ergeben müssen, während die eigentliche Geologie schon seit mehr als hundert Jahren ein System für ihre Untersuchungen zur Verfügung hat. Und als letzter Grund sei angeführt, daß von jeher die Untersuchung des Alluviums und Diluviums als der bodenkundlich wichtigsten Formationen stiefmütterlich behandelt ist. Erst in den letzten zwanzig Jahren ist hierin ein Umschwung eingetreten, nachdem von vielen Seiten darauf hingewiesen ist, daß auch Diluvium und Alluvium hochinteressante Probleme in sich bergen.

Wohl die erste Geologische Landesanstalt in Deutschland, die sich neben ihren sonstigen Aufgaben der geologisch-agronomischen Untersuchung des deutschen Bodens widmete, war diejenige Preußens. Heute liegen bereits eine große Zahl geologischagronomischer Karten, die von dieser Behörde herausgegeben sind, vor; wenn diese Zahl allerdings im Vergleich zu der Größe allein des norddeutschen Flachlandes gering erscheint, so ist doch auf den bereits vorhandenen Karten außerordentlich Wertvolles geleistet, das in vieler Beziehung richtunggebend für die fernere geologisch-agronomische Durchforschung des deutschen Bodens sein wird. Daher hat der moderne Landwirt alle Ursache, diesen geologisch-agronomischen Untersuchungen sein Augenmerk zuzuwenden.

Es ist nicht beabsichtigt, im folgenden das Wesen dieser geologisch-agronomischen Karten und ihrer Erläuterungen eingehend zu behandeln. Wer sich näher darüber orientieren will, der sei auf die kleine wertvolle Schrift: „Kurze Einführung in das Verständnis der geologisch-agronomischen Karten des norddeutschen Flachlandes“ (24 Seiten)[1]) verwiesen. Hier sei nur in großem Umriß einiges über die geologisch-agronomischen Karten angemerkt.

b) Die Darstellungen auf den geologisch-agronomischen Karten[2]).

Wie bereits erwähnt, beteiligen sich an dem Aufbau des norddeutschen Bodens fast ausschließlich Ablagerungen tertiären, diluvialen und alluvialen Alters. Auf den Karten erhalten nun diese Ablagerungen verschiedene Farben, und zwar folgendermaßen:

Schichten des Tertiärs .... gelbe Grundfarbe,
Schichten der ältesten Eiszeit...... braune Grundfarbe,
Schichten der mittleren Eiszeit und unentschiedenen Alters .... graue Grundfarbe,
Schichten der jüngsten Eiszeit .... blaßgelbe oder grüne Grundfarbe,
Schichten interglazialen Alters ..... grauviolette Grundfarbe,
Schichten des Alluviums .... graugrüne Grundfarbe.

Die Schichten des Diluviums werden auf neueren Karten noch unterschieden in solche des Höhendiluviums (hellgelbe Grundfarbe) und solche des Taldiluviums (grüne Grundfarbe). Durch diese Farbenunterscheidung treten die ausgedehnten Talzüge Nord-

[1]) Zu beziehen durch die Vertriebsstelle der Preuß. Geolog. Landesanstalt, Berlin N, 4 Invalidenstr. 44.

[2]) Die Kenntnis der Bezeichnungen auf den Meßtischblättern 1 : 25000 wird vorausgesetzt.

deutschlands (mit grüner Grundfarbe) auf den Karten deutlich hervor.

Die Altersverhältnisse der Schichten werden durch Buchstabenbezeichnungen in folgender Weise angegeben:

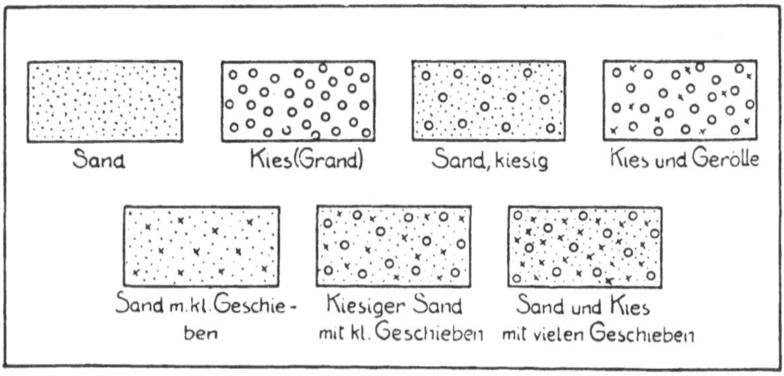

Abb. 39. Agronomisch-geologische Signaturen für Sand, Kies und Gerölle. Aus „Einführung in das Verständnis der geologisch-agronomischen Karten des Norddeutschen Flachlandes". Preuß. Geolog. Landesanstalt, Berlin.

b = Tertiär, bo = Oligozän, bm = Miozän, bp = Pliozän,
δ = Bildungen der ältesten Eiszeit,
di = Interglaziale Schichten,
d = Bildungen der zweiten Eiszeit und solche unentschiedenen Alters,
∂ = Bildungen der jüngsten Eiszeit $\begin{cases} \partial = \text{Höhendiluvium} \\ \partial a = \text{Taldiluvium} \end{cases}$
a = Alluviale Schichten.

Eine besondere Zeichengebung ist der Zusammensetzung der Bodenschichten gewidmet. Zu diesem Zwecke werden farbige Signaturen jeweils in die Grundfarbe eingedruckt, die das Alter der Schicht angibt. Für gleichartige Bildungen sind diese Signaturen gleich, einerlei, ob die Schichten tertiären, diluvialen oder alluvialen Alters sind. Es wird bezeichnet:

durch schräge Reißung: Geschiebemergel und lehmige Bildungen,
durch Punktierung: sandige Bildungen,
durch Ringelung: kiesige (grandige) Bildungen,
durch Kreuzchen: steinige Bildungen,
durch senkrechte oder wagerechte Reißung: tonige Bildungen.

Danach sind die in Abb. 39 wiedergegebenen Signaturen wohl verständlich.

Es werden weiter unterschieden (nur in Auswahl):

humusreiche (moorige) Bildungen durch kurze braune Strichelung,

eisenschüssige Bildungen durch Häkchen, z. B. Ortstein durch braune Häkchen,

kalkhaltige Bildungen durch blaue Zeichen, z. B. Kalktuff durch doppelte blaue Schrägreißung.

Diese farbigen Bezeichnungen werden unterstützt durch folgende Buchstabensymbole:

1. Für Alluvium und Diluvium:

m = Geschiebemergel	l = Lehm
s = Sand	*l* = Löß
g = Kies (Grand)	e = Raseneisenstein
ms = Mergelsand	o = Ortstein
ħ = Ton	k = Kalk
sl = Schlick	kh = Moormergel
h = Humus	*D* = Dünensand
t = Torf	*α* = Abrutsch- und Abschlämmmassen.

2. Für das Tertiär:

ϑ = Ton	*γ* = Kies (Grand)
σ = Sand	*ϰ* = Kohle

Danach dürften Bezeichnungen wie z. B. die folgenden ohne weiteres verständlich sein:

- at = alluvialer Torf
- ∂as = Talsand des jüngeren Diluviums
- ∂m = Geschiebemergel des Diluviums
- dik = Kalk des interglazialen Diluviums
- dg = Kies (Grand) der zweiten Eiszeit und der Bildungen unentschiedenen Alters
- δħ = Ton des älteren Diluviums
- bm*σ* = miozäner Sand.

Auf den geologisch-agronomischen Karten wird i. a. die Oberfläche bis zu einer Tiefe von 2 m dargestellt, was bei der Aufnahme im Felde durch Handbohrungen mit einem 2 m-Bohrer erreicht wird. Ist innerhalb dieser 2 m-Mächtigkeit der Boden von einheitlicher Zusammensetzung, besteht z. B. an einem Orte die oberste Bodenschicht aus 2 m und mehr mächtigem Geschiebemergel des jüngeren

Diluviums, so erhält die betreffende Bodenschicht auf der Karte eine einzige Bezeichnung, in unserem Falle: ∂m. Oft aber kommt es vor, daß an einer Stelle des Geländes innerhalb der 2 m Mächtigkeit zwei oder drei verschiedene Schichten übereinander lagern. Diese Übereinanderlagerung der Schichten wird einmal durch jeweilig passende Kombination von Farbenbezeichnungen, zum andern durch geeignet geschriebene Buchstabenbezeichnungen bewerkstelligt. Für ersteres gilt, daß die obere Schicht stets stärker (häufigere Punktierung, Reißung usw.) gekennzeichnet wird als die untere. Für die Buchstabenbezeichnung gilt, daß beim Vorhandensein von z. B. zwei verschiedenen Schichten die Schichtenfolge in Gestalt eines „Bruches“ geschrieben wird, in dessen „Zähler“ die obere, in dessen „Nenner“ die untere Schicht durch Buchstabenbezeichnung gekennzeichnet wird. Danach bedeutet z. B.

$$\frac{\partial m}{ds} = \frac{\text{Jüngerer Geschiebemergel \quad liegt über}}{\text{Sand der glazialen Zwischenschichten}}$$

$$\frac{ah}{\partial m} = \frac{\text{Alluviale Moorerde \quad liegt über}}{\text{Jüngerem Geschiebemergel}}$$

$$\frac{\partial s}{bm\sigma} = \frac{\text{Jüngerer Diluvialsand liegt über}}{\text{miozänem Ton}}$$

Kommen drei Schichten übereinander vor, so werden folgerichtig die Buchstabenbezeichnungen durch zwei Striche getrennt. Es heißt also z. B.:

$$\begin{array}{c} \partial s \\ \hline \partial m \\ \hline ds \end{array} = \begin{array}{c} \text{Jüngerer Diluvialsand \quad liegt über} \\ \hline \text{Jüngerem Geschiebemergel \quad und dieser liegt über} \\ \hline \text{Sand der glazialen Zwischenschichten} \end{array}$$

Über weitere Bezeichnungen vgl. die oben genannte „Einführung“.

Die Darstellung der eigentlichen bodenkundlichen Verhältnisse erstreckt sich auf eine ganze Reihe von Faktoren. Zunächst wird auf den geologisch-agronomischen Karten der petrographische Charakter der Erdschichten dargestellt. Dabei ist zu unterscheiden zwischen den Karten des Gebirgsanteils und denen des Flachlandes. Im Gebirge treten die tertiären, diluvialen und alluvialen Bildungen meist sehr beträchtlich zurück; dargestellt sind die das betreffende Gebirge zusammensetzenden Schichten, die älter als die genannten sind. Diese älteren Schichten sind natürlich, abgesehen von den Stellen, wo nackter Fels zutage tritt, auch mit einer Verwitterungsschicht bedeckt, doch ist sie durchweg so geringmächtig, daß sie in der Darstellung der Karte fortfällt und die betreffende Stelle diejenige Farbe erhält, die dem nackten, anstehenden Gestein zukommt. Im Flachlande hingegen sind diese älteren Schichten durchweg von sehr mächtigen Ablagerungen der jüngeren Schichten (Tertiär, Diluvium, Alluvium) bedeckt, ihre Petrographie ist also nicht oder kaum beeinflußt durch diejenige der älteren Schichten am allerwenigsten die für die Landwirtschaft wichtigsten 2 m der obersten Bodenzone.

Das sind die Gründe dafür, weshalb die geologischen Karten des Gebirgsanteils meist keine agronomischen Einschreibungen enthalten.

Agronomische Einschreibungen sind aber dort von besonderer Wichtigkeit, wo Tertiär und vor allem Diluvium und Alluvium in größerer als 2 m Mächtigkeit vorkommen. Diese Schichten wechseln in den oberen 2 m in ihrer Zusammensetzung sehr häufig, und diese Verschiedenartigkeit der Zusammensetzung ist für den Landwirt besonders wichtig. Zu dem Zweck sind für die hinsichtlich der Zusammensetzung wichtigsten Faktoren eine Reihe von Abkürzungen in Buchstaben gegeben, die nun jeweils auf der Karte der betreffenden Schicht in roter Farbe eingedruckt werden. Neben diesen Bezeichnungen sind, ebenfalls in roter Farbe, die Mächtigkeiten der einzelnen, petrographisch voneinander abweichenden Schichten in Dezimetern (1 Dezimeter = 10 cm) angegeben. Ein Beispiel mag das erläutern:

Die Bezeichnung

$$\begin{array}{ll} \text{LS} & 3\text{—}6 \\ \cline{1-1} \text{SL} & 5\text{—}8 \\ \cline{1-1} \text{MS} & \end{array}$$

in roter Farbe heißt, daß in einem Gebiet zu unterst sandiger Mergel, darüber sandiger Lehm von 5—8 Dezimeter Mächtigkeit und zuoberst lehmiger Sand von 3—6 Dezimeter Mächtigkeit liegt. Derartige Mächtigkeitsangaben sind natürlich durch Handbohrungen gewonnen.

Auf dem Rande der geologisch-agronomischen Karten werden die wichtigsten Bodenprofile, die sich auf der Karte finden, dargestellt. Bemerkenswert ist, daß hier zur Verdeutlichung des Profiles die geologische Farbenbezeichnung noch durch eine besondere einfarbige (schwarze Strichelung, Schraffierung usw.) Bezeichnung überdruckt wird. Auf der linken Seite eines solchen Bodenprofiles stehen dann in schwarzer Farbe die geologischen, auf der rechten in roter Farbe die agronomischen Buchstabenbezeichnungen.

Die Zahl der Handbohrungen auf einem geologisch-agronomischen Kartenblatt ist beträchtlich, sie schwankt je nach der Schwierigkeit der geologischen Verhältnisse zwischen 1000 und 5000. Die Bohrungen selbst sind meist sämtlich auf diesen Karten eingetragen, während die Ergebnisse dieser Bohrungen auf besonderen Bohrkarten verzeichnet werden.

Den geologisch-agronomischen Karten werden Hefte mit Erläuterungen beigegeben, in denen die geologischen Verhältnisse eingehend beschrieben sind. Dabei erfahren auch die bodenkundlichen Verhältnisse meist eine ausgiebige Besprechung; es werden chemische Analysen des Bodens mitgeteilt, sein physikalisches Verhalten diskutiert und die auf einer Karte vorkommenden einzelnen Bodenarten (entsprechend der Einteilung S. 119 f.) genau berücksichtigt. Hieran werden Bemerkungen über Grundwasser- und Meliorationsverhältnisse, vorteilhafte und schädliche Bodenbildungen angeknüpft und ein besonderer Abschnitt unterrichtet dann noch über Ablagerungen, die für die Landwirtschaft von Nutzen sind, z. B. mergelige und kalkige Bildungen.

So darf man sagen, daß auf den modernen geologisch-agronomischen Karten eine ganz erhebliche Menge von Tatsachenmaterial zusammengetragen ist, das für den praktischen Landwirt unmittelbar von größtem Nutzen ist, sofern er nur eine geologisch-agronomische Karte zu lesen und verstehen mag.

Literatur zur Bodenkunde.

P. Ehrenberg, Die Bodenkolloide. 2. Aufl. 1918. Th. Steinkopff, Dresden und Leipzig.

K. Glinka, Die Typen der Bodenbildung. 1914. Gebr. Borntraeger, Berlin.

E. Heine, Die praktische Bodenuntersuchung. 1911. Gbr. Borntraeger, Berlin.

R. Lang, Verwitterung und Bodenbildung als Einführung in die Bodenkunde. 1920. E. Schweizerbart, Stuttgart.

F. E. Mitzscherlich, Bodenkunde für Land- und Forstwirte. Paul Parey, Berlin.

H. Puchner, Bodenkunde für Landwirte. 1923. Ferdinand Enke, Stuttgart.

E. Ramann, Bodenkunde. 3. Aufl. 1911. Julius Springer, Berlin.

F. Seemann, Leitfaden der mineralogischen Bodenanalyse. 1914. W. Braumüller, Wien und Leipzig.

P. Vageler, Bodenkunde. 2. Aufl. 1921. (Sammlung Göschen 455.) Walter de Gruyter & Co., Berlin.

Register.

Abspülung 61.
Abtragung, trockene 59.
—, äolische 65.
Ackergare 98.
Ackerklassen 118.
Ackerkrumme 88, 118.
Adhäsion 100.
Adsorption von Gasen durch den Boden 110.
Äolische Bildungen 45.
Albit 10.
Algen 58.
Alkaliturmalin 14.
Allophan 91.
Alluvium 27, 40.
Alluviale Bildungen 44.
Altersfeststellung der Schichten 3.
Aluminium 91.
— -hydroxyd 23, 114.
— -kieselsäure 91.
Ameisen 58, 70.
Amethyst 9.
Ammoniumchlorid 25.
— -karbonat 21, 25.
— -nitrat 25.
— -verbindungen 25.
Amorphe Körper 113.
Amphibole 13.
Analcim 15.
Analysen von Geröllböden 122.
— — Humusböden 134.
— — Kalk- und Mergelböden 133.
— — Kiesböden 122.
— — Lateriten und Roterden 140.
— — Lehm- und Lößböden 126.
— — Podsolböden 141.
— — Sandböden 123.
Analysen von Schlickarten 130.
— — Tonböden 124.
— — Torfarten 136.
— — Tschernosemböden 143.
Analysenresultate 87.
Andesit 31.
Andradit 14.
Anhydrit 19.
Anorthit 10.
Apatit 18, 19, 93.
—, Träger der Phosphorsäure 19.
Aragonit 17.
Argon 108.
Aride Gebiete 92, 136.
Arkose 38.
Arktische Gebiete 138.
Atmosphäre, Chemie 108.
Aueton 45.
Auffrieren des Bodens 108, 133.
Aufquellung, kolloide 137.
Augite 12.
Ausdehnung der gesteinsbildenden Mineralien 48.
Ausfällung 54.
Ausflockung von Kolloiden 93, 114.
Auswaschung des Bodens 53.
Auswintern der Winterfrüchte 108.
Außengroden 130.

Bakterien, ärobe 68.
—, Allgemeines 67.
—, anärobe 68.
—, Bacillus 67.
—, Boden- 67.
—, Coccus 67.
Bakterien, denitrifizierende 69.
—, Eisen- 69.
—, fakultati vanärobe 68.
—, Leptothrix 67.
—, metatrophe 68.
—, Nitrat- 69.
—, Nitrit- 69.
—, obligat anärobe 68.
—, paratrophe 68.
—, prototrophe 68.
—, Schwefel- 69.
—, Spirillum 67.
—, Spirochäten 67.
—, Stickstoff- 69.
—, Tätigkeit 57, 95.
—, Vibrio 67.
—, Wurzel- 66.
Basalt 33.
Bauxit 23.
Bergkristall 9.
Bindemittel 38.
Bindigkeit 91.
Biotit 13.
Bischoffit 24.
Bisilikat 8, 12.
Blachfeldsande 43.
Blaueisenerz 19, 57.
Bleicherden 94, 140.
Bleisand 75.
Blocklehm 44.
Boden, Ackerkrumme 88.
—, Auffrieren 108.
—, Auswaschung 53.
—, Begriff 1.
—, Gemengteile 86.
—, Gründigkeit 89.
—, Oberboden, Dammerde, Muttererde 89.
—, Pflugsohle 89.
—, Rohboden 89.
—, Schichtenfolge 88.

Boden, Unterboden 89.
—, Untergrund 89.
—, Versalzung 94.
Bodenarten 116.
—, Analysenresultate 87.
—, humose 44.
Bodenanalyse, chemische 87.
—, mineralogische 86.
Bodenchemie 90.
Bodengare 97, 98.
Bodenklassen, Thaersche 117.
Bodenkolloide 113.
Bodenkraft 96.
Bodenluft 110.
Bodenproben, Entnahme 87.
Bodenprofile 88.
Bodenreaktion 90.
Bodensäuren 93.
Bodentätigkeit 95.
Bodenwasser 101.
Bodenwassergehalt, Optimum 108.
Bodenzonen, klimatische 117.
Böden, adsorptiv gesättigte 90.
—, — ungesättigte 90.
—, alkalische 90.
—, Aue- 130.
—, Baumwoll- 119.
—, Börde- 126.
—, Braunerden 140.
—, Dolomit- 131.
—, dürre 102.
—, ektodynamomorphe 117.
—, endodynamomorphe 117.
—, feuchte 102.
—, Flußmarsch-128, 130.
—, frische 102.
—, Geröll- 120.
—, Gersten- 119.
—, des Gesteinszerfalls 138.
Böden, der Gesteinszersetzung 139.
—, Hafer- 119.
—, hitzige 95.
—, Humus- 118, 133.
—, humusfreie 90.
—, Kalkböden 118, 131.
—, Laterit 139.
—, Lehm- 118, 125.
—, lehmige Sand- 118.
—, Löß- 125.
—, Marsch- 128.
—, Mergel- 118, 131.
—, Moor- 134.
—, nasse 102.
—, neutral reagierende 90.
—, Reis- 119.
—, Roggen- 119.
—, Roterden 139.
—, Sand- 118, 121.
—, sandiger Lehm- 118.
—, saure 90.
—, Schutt- 119.
—, Seemarsch- 128.
—, Soda- oder Schwarzalkali- 142.
—, Stein- 119.
—, tätige 95.
—, Ton- 118, 123.
—, trockene 102.
—, untätige, tätige 95.
—, Weißalkali- 142.
—, Weizen- 119.
—, wenig tätige 95.
—, Zuckerrohr 119.
Bogendünen 45.
Borosilikat 14.
Brache 99.
Brandkultur 109, 135.
Brauneisen 15, 18, 23.
Breccien 27.
Bruchwälder 79.
Bunkerde 85.
Buntsandstein 38, 39.

Calcium 92.
— -hydroxyd 22.
Calciumkarbonat 17.
— -oxyd 22.
— -phosphat 18.
—, -sulfat 19, 92.
—, -sulfid 20.
Carnallit 24.
Carnallithalit 24.
Carnallitit 24.
Chalcedon 9.
Chilesalpeter 25, 93.
Chlor 94.
Chlorapatit 19.
Chloride 23.
Chlorit 13, 15.
Chlornatrium 93.
Culm 38.

Darg 78, 81.
Denitrifikation 69.
Denitrifizierende Bakterien 69.
Diabas 32.
Diallag 12.
Diatomeen 56.
Diffusion der Gase im Boden 111.
Diluvialmergel 40.
— -sande 40, 43.
Diluvium 27, 40.
— in Gebirgen 44.
—, nordisches 40.
Diopsid 12.
Diorit 31.
Dolomite 36.
Dolomitgesteine 26, 27.
Dolomitisierung 27.
Dolomitspat 17, 18.
Doppelsilikate, amorphe wasserhaltige 91.
Dreikanter 51.
Dreisch 35, 131.
Druckwirkungen 49.
Dünen 44, 45, 65
Dünensande 121.
Düngen 111.
Durchlüftbarkeit 110, 111.

Eggen 111.
Einzelkornstruktur 96.
Eis 59.
Eiszeit 40.
Eisenbakterien 57, 69.
— -bisulfid 21, 130.
— -glanz 22.
— -hydroxyd 114.
— —, Überträger der Kohlensäure 91.
— -karbonat 18
— -ocker 23, 57.
— -oxyd 22, 91.
— —, wasserfreies 91.
— -oxydphosphate 94.
— -oxydsilikate 91.
— -oxydul 22.
— -turmalin 15.
— -vitriol 21.
Eläolith 11.
Endmoränen 64.
Enstatit 8, 12.
Enzyme, ungeformte 68.
Epidot 13, 14.
Epidotisierung 14.
Ergußgesteine 28.
Ernährung der Pflanzen 65.
Erosion 59, 61.
Ertragsvermögen 96.
Eruptivgesteine 2, 26, 27.

Fäulnis 71, 72.
Feldspatbasalt 33.
Feldspäte 10.
—, Verwitterung der 10.
Ferrobakterien 69.
Ferrosulfat im Boden 130.
Feuerstein 9.
Findlinge 41.
Flechten 57.
Flint 9.
Flocken 114.
Flottlehm 44.
Flugsand 44, 45, 65.
Fluorapatit 19.
Flußablagerungen 45.
Flußdünen 45.
— -gerölle, Bewegung 49.
— -grande 45.
— -sande 45.
— -schlick 45.
— -schotter 45.
Fluvioglaziale Bildungen 41.
Formationen, geologische 3.
Forstklassen 118.
Frostwirkungen 48.
Fruchtbarkeit, Begriff 95.
— der verschiedenen Gesteinsböden 46.

Gabbro 32.
Geest und Marsch, Unterschied 45.
Gehängeschutt 60.
Geologische Landesanstalten 151.
— Spezialkarten 152.
Geschiebelehm 44.
— -mergel 41, 126.
Gesteine, basische 28, 32.
—, Begriff 6, 26.
—, klastische 3.
—, neutrale oder intermediäre 28, 30.
—, saure 28.
Gesteinszersetzung, allgemeine Gesetze 47.
— -zerfall 48.
— -zersetzung 51.
Gips 19, 57, 92.
—, Träger der Schwefelsäure 20, 92.
Glaukonit 14.
Gletscher 59.
— -eis, Tätigkeit 62.
— -mühlen 49.
— -schliffe 64.
— schrammen 64.
— -spalten 62
— -töpfe 50.
Glimmer 13.
Glimmersande 39.
— sandstein 38.
— -schiefer 34.
Gneis 33.
Granat 14.
—, Verwitterung 14.
Grand 38, 41, 44, 121.
Granit 28.
— , Verwitterung 28, 29.
Grauerden 140.
Grausand 75.
Grauwacke 38
—, konglomeratische 39.
Grenzschicht 85.
Groden 130.
Gründigkeit 89.
Grünerde 13.
Grünsandstein 38.
Grundmoränen 64.
Grundsteuereinschätzung 119.
Grundwasser 103.
— -absenkung 104.
— -bewegung 105.
— -scheide 105.
— -schwankungen 103.
— -spiegel 103.
— -stockwerk 105.
— -strom 103.

Hacken 111.
Hakenwerfen 60, 62.
Halbbrache 99.
Harmotom 15.
Harnischbildungen 48.
Hartsalz 25.
Hasselerde 132.
Hauptsalz 24.
— -konglomerat 25.
Heideböden 95.
— -bülten 83.
— -lehm 44.
— -sande 43, 65, 112.
Helium 108.
Höhendiluvium 153.
— -rauch 109.
Hopfenböden 126.

Hornblenden 12, 13.
Humide Gebiete 92, 136.
Humine 74.
Humus 73.
—, milder 74.
— -säuren, freie 74.
— -sandstein 75.
— -saure Salze 75.
—, saurer 74.
Humusstoffe, kolloidale Eigenschaften 114.
—, Stickstoffgehalt 74.
—, Wesen 53.
Hydrargillit 92.
Hydroxydabscheidungen 57.
Hygroskopizität 106.
Hypersthen 12.

Imbibition 115.
Inlandeis 63.
Interglazialzeiten 40.

Jaspis 9.
Jura, Kalk 35.

Kainit 24.
Kalifeldspat 10.
— -glimmer 13.
— salpeter 25.
— -salze 24.
Kalium 93.
Kaliumnitrat 25.
Kalk, dichter 35.
—, kohlensaurer 17.
—, kristallinischer 35.
— -böden 95.
— -feldspat 10.
— -gesteine 26, 35.
— -mergel 37.
— -natronfeldspat 10.
— -phosphat 94.
— -sinter 55.
— spat 17.
— -tuff 17, 55.
Kantengeschiebe 51.
Kaolin 12, 15, 16.
Kaolingel 91, 141.
Kaolinit 16, 91.
Kaolinverwitterung 90.
Kapillare Wasserleitung 101.
Kapillaren 100.
Kapillarhohlräume 101.
Kapillarität 100.
Karbonatabscheidungen 55.
Karbonate 16.
Karlsbader Sprudelstein 55.
Kiese 41, 44, 121.
Kieserit 24.
Kieselgur 56.
Kieselsäure 7, 9, 56, 90, 114.
— -anhydrit 7.
— -gel 90.
—, kolloidale 90.
Kieselschiefer 9.
— -sinter 56.
Klamm 50.
Klinochlor 13.
Knick 129.
Koagulation 114.
Koge 130.
Kohärenz 97.
Kohlensäuerling 17.
Kohlensäure 108, 109.
Kolloidale Lösung 114.
Kolloide 113.
Kolloide Aufquellung 137.
— des Bodens 114.
—, irreversible 114.
—, reversible 114.
Kolloidkomplexe 91.
— -ton 115.
Konglomerate 27, 37.
—, Rotliegend- 38.
Konkretionen 54.
Konstitutionswasser 8.
Kontraktionsvermögen 77
Kreide 17.
— -formation 39.
— -gesteine 35.
Kreuzschichtung 41.
Kristallisation 54.
Kristallisierte Körper 113.
Kristalloid 113.
Kristallwasser 8, 15.
Krümel 96.
— -bildung 96.
— —, Ursachen 97.
— -struktur 96.
Krümelung, Erhaltung 97.
Krüppelkiefer 76.

Langbeinit 24.
Laterit 139.
— -verwitterung 90.
Lehm 40.
— -boden 125.
— -mergel 37.
Leitfossilien 4.
Letten 26, 34.
Leuzit 11.
— -basalt 33.
Limonit 23, 57.
Löslichkeit von Salzen in Wasser 52.
Lösung, echte 114.
—, kolloidale 114.
Löß 40, 142.
— -boden 125.
— -kindl 43, 44, 56.
— -lehm 44, 126.
Luftbeimengungen 108.

Magnesiaglimmer 13.
— -turmalin 14.
Magnesit 17.
Magnesium 92.
— -karbonat 17.
Magneteisen 22.
Mangan 92.
— -oxydul 92.
Markasit 21.
Marmor 27.
Marsch und Geest, Unterschied 45.
Marschböden 45.
Massengesteine 3.

Massentransport von Geschieben 61.
Maulwürfe 59, 70.
Mäuse 70.
Meeresdünen 45.
— -schlick 45.
Meerschaum 16.
Melaphyr 32.
— -mandelstein 32.
Mergel 37.
— -sande 44.
Mesotyp 15.
Meßtischblätter 152.
Metadikieselsäure 7.
Metakieselsäure 7.
Methan 73.
Mikroorganismen 66.
Milchquarz 9.
Mineralbestimmung nach spezif. Gewicht 86.
—, optische 87.
Mistkäfer 70.
Molkenboden 39, 53.
Moore, 44, 76.
—, Bau der Hochmoore 83.
—, Bruchwälder 80.
—, Bruchwaldtorf 80.
—, Dargtorf 81.
—, Flach- oder Niederungsmoor 79.
—, Gliederung 78.
—, Grastorf 80.
—, Hochmoor 79, 81.
—, Marschmoor 81.
—, Moorprofil 85.
—, Zwischen- oder Übergangsmoor 79, 81.
Moormergel 56.
Moose 58.
Moostorf 77.
—, Oberer 85.
—, Unterer 85.
Moränen 40, 41, 64.
— -bildungen 51.
Mull 115.
— -wehen 115.
Muschelkalk 35.
Muskovit 13, 15.

Nagelfluh 38.
Natrium 93.
— -karbonat 93.
— -nitrat 25.
— -sulfat 93.
Natronfeldspat 10.
— -salpeter 25.
— -silikate 93.
Neon 108.
Nephelin 11.
— -basalt 33.
Nitratbakterien 26, 69.
Nitrate 25.
Nitrifikation 25, 69.
Nitritbakterien 26, 69.
Norit 32.

Oberflächengesteine 28.
Ocker 23, 57.
Olivin 15.
— -diabas 32.
Opal 9, 10, 91, 113.
Organismen des Bodens 65.
—, Bakterien 66.
—, Pflanzen 65.
—, Tiere 70.
Orthodikieselsäure 7.
Orthokieselsäure 7.
Orthoklas 8, 10.
Orthophosphorsäure 18.
Ortsteinbildung 75, 116, 122.
Oxydabscheidungen 57.
Oxyde 22.
Ozon 109.

Papilionatae 66.
Peridot 15.
Peridotit 32.
Perioden, geologische 3.
— —, Tabelle 4.
Pflanzen und Bodenarten 144.
Pflanzen, bodenholde 145.
—, bodenstete 145.
Pflanzen, bodenvage 146.
— -gifte 22, 69, 130.
— des Humusbodens 150.
— des Lehmbodens 150.
—, die feuchte Stellen anzeigen 146.
—, die kalkarmen Boden anzeigen 147.
—, die Stickstoffmangel anzeigen 148.
—, Gips- 148.
—, Grundwasser anzeigende 146.
—, Kalk anzeigende 146.
—, die Ortstein anzeigen 150.
—, Salz- 148.
—, Sand- und Kies- 149.
—, Stickstoff anzeigende 148.
—, Wasser- 150.
Pflügen 111.
Phonolith 32.
Phosphatabscheidungen 57.
Phosphate 18.
Phosphorit 18, 19, 57.
Phosphorsäure 18, 93.
Phyllit 34.
Pistazit 14.
Plagioklas 10.
Podsolböden 139, 141.
Polder 130.
Polierschiefer 56.
Polyhalit 24.
Porphyrische Struktur 31.
Porphyrit 31.
Porzellanerde 16.
Prochlorit 13.
Pulvererde 129.
Pyrit 21.
Pyroxene 12.

Quadersandstein 39.
Quarz 9, 90.
Quarzite 39.
Quarzporphyr 30.

Quarztrachyt 30.
Quellungsvermögen 77.

Raseneisenerz 23, 57, 116.
Rasenmoore 80.
Rauhkalk 18.
Regenwürmer 59, 70, 98.
Riesenkessel 50.
Rißbildungen 115.
Rollsteine 49.
Roteisen 18.
Roterden 139.
Rundhöcker 48.

Salpetersäure 25, 95, 109.
Salpetrige Säure 109.
Salmiak 25.
Salzböden 142.
Salze, basische 7.
—, humussaure 75.
—, kohlensaure 16.
—, neutrale 7.
—, saure 7.
Sand, eisenschüssiger 122.
—, humoser 122.
—, lehmiger 122.
Sandböden 95, 121.
Sandstein 27, 39.
—, eisenschüssiger 38.
—, kalkiger 38.
—, kieseliger 38.
—, mergeliger 38.
—, toniger 38.
Säuerlinge 109.
Sauerstoff 108.
Savanen 142.
Schalstein 32.
Schiefer, kristalline 2, 26, 33.
Schieferton 26, 34.
Schizomycetes 67.
Schlenken 83.
Schlick 79.
Schönit 24.
Schörl 15.
Schotter 41, 44.
Schuttböden 119.
Schutthalde 60.
— -kegel 60.
Schutzkolloide 114.
Schwarzerde 40, 134, 142, 143.
Schwefel 94.
— -bakterien 21, 69.
— -calcium 20.
— -eisen 21.
— -kies 21, 57, 94.
— -säure 19, freie S. im Boden 130.
— -wasserstoff 21.
Schwemmlandsböden 59.
Sedimentgesteine 3.
Seekreide 55.
— -schlick 128.
Seggentorf 78.
Sekretionen 55.
Serpentin 16.
Serpentinisierung 16.
Silikate 9, 56, 90.
—, bodenbildende 93.
—, wasserfreie 8.
—, wasserhaltige 8, 93, 114.
—, Zersetzbarkeit 53.
Singulosilikat 8.
Soda 93.
Solzustand 114.
Sommerdeich 130.
Spätfröste 133.
Spaltenfrost 49.
Spaltpilze 66.
Spateisen 18.
— -sande 43.
Speckstein 16.
Stallmist 111.
Staubstürme 65.
Steinböden 119.
Steinsalz 23, 24.
Stellung, stratigraphische 3.
Steppenböden 142.
Stickstoff 94, 108.
— -bakterien 69.
— -sammler 66.
Stilbit 15.
Stoppeln 98.
Strudellöcher 50.
Sulfatabscheidungen 57.
Sulfate 19.
Sulfidabscheidungen 57.
Sulfide 21.
Sumpferz 23, 57.
— -gas 73.
Superphosphat 94.
Syenit 30.
Sylvin 24.
Sylvinit 25.

Taldiluvium 153.
— -geschiebesande 44.
— -sande 44.
Talk 15, 16.
Taubildung 106.
— -punkt 106.
Termiten 70.
Tertiärformation 39.
— -sande 39, 121.
Terra rossa 132.
Tetrasilikat 8.
Thiobakterien 69.
Tiefengesteine 27.
Ton 26, 34, 114.
—, eisenreicher 13.
—, Plastizität 115.
Tonböden 95, 123.
Tonerde 91.
— -hydrat 23, 91.
Tonmergel 37.
— -mineralien 16.
— -schiefer 26, 34.
— -verwitterung 90.
Torf 44.
— -bildung 76.
—, Bruchwaldtorf 80.
—, Bunkerde 85.
—, Darg 78.
—, Grastorf 80.
—, Grenzschicht 85.
—, kolloidale Eigenschaften 114.

Torf, Kontraktionsvermögen 77.
—, Moostorf 77.
—, Moostorf, Oberer 85.
—, —, Unterer 85.
—, Quellungsvermögen 77.
— -seen 85.
—, Seggentorf 78.
—, -stich 84.
— Vermoderung 77.
—, Vertorfung 76.
—, Waldtorf 85.
—, Wollgrastorf 78.
Trachyt 31.
Triasformation 39.
Tridymit 9.
Trikieselsäure 7.
Trisilikate 8.
Tropfstein 17.
Trümmergesteine 3.
Tschernosem 134, 143.
Tuff 32.
Turmalin 14.
—, schwarzer 15.
—, Verwitterung 15.

Ultramikroskop 114.
Untergrund 118.
Urstromtäler 44.
Urtonschiefer 34.

Vereisung, alpine 44.
Verlandung 79.
Vermoderung 77.
Versalzung des Bodens 94.
Verseuchung von Brunnen 104, 105.
Vertorfung 76.
Verwesung 71.
Verwitterung 47.
—, Ausdehnung der gesteinsbildenden Mineralien 48.
—, Auswaschung des Bodens 53.
—, Bedeutung der Tierwelt f. d. V. 58.
— -sböden 59.
—, chemische 47, 51.
—, Druckwirkungen 49.
—, durch Humusstoffe 53.
—, durch Organismen 47, 57.
—, durch Wasser und säurehaltige Wässer 52.
—, Frostwirkungen 48.
—, Kaolin- 90.
—, Laterit- 90.
—, physikalische 47, 48.
—, Produkte der verwitternden Gesteine 54.
— -sprodukte, lösliche 52.
— —, unlösliche 52.
Verwitterung, Temperaturwirkungen 48, 52.
—, Ton- 90.
—, Transport der V.-produkte 59.
—, Zersprengung der Gesteine 48.
Vivianit 18, 19, 57.
Vollbrache 99.
Vorland 130.

Wärmeleitungsvermögen 112.
Wärmemenge 112.
Waldtorf 85.
Wanderdünen 45.
Wasser als Lösungsmittel 51.
—, basisches 8.
— -durchlässigkeit 101.
—, Eigenschaften 99.
— -kapazität 100.
— -stauer 124.
— -stoffsuperoxyd 109.
— -träger 102.
— -verdunstung 105.
Weinberge 126.
Weizenboden, kujawischer 126.
Wellenkalk 36.
Wiesenerz 57.
Wiesenkalke 55.
— -klassen 118.
— -mergel 79.
Wildbäche 61.
Wildschweine 59, 70.
Wind, Transport durch 59.
Winterdeiche 130.
Wollgrastorf 78.
Wühlmäuse 70.
Wurzelbakterien 66.
— -knöllchen 66.

Zechstein 18.
Zellulose 72.
Zeolithe 8, 15.
—, Bildung 11, 12.
Zersetzbarkeit von Silikaten 53.
Zersprengung der Gesteine 48.
Zwischeneiszeiten 40.

Karte von Europa z

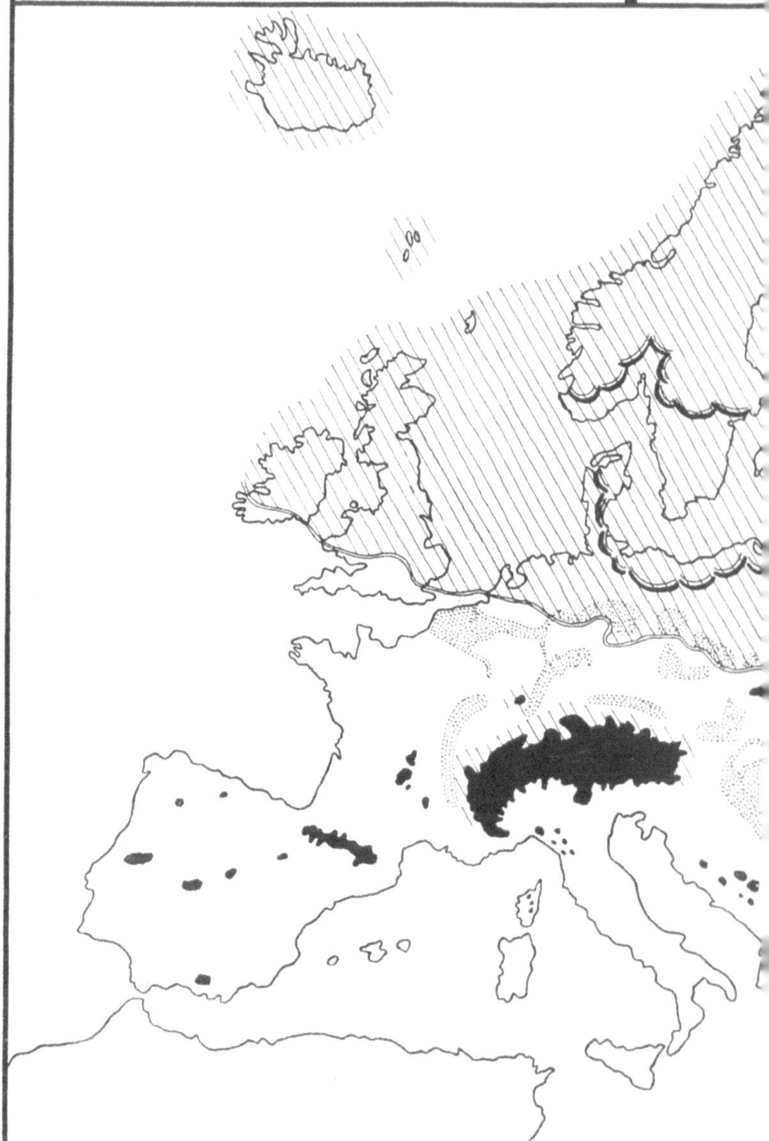

Nordisches Jnlandeis — Endmo

Verbreitung des Löss (Ausdehnung der

…r Diluvialzeit (Nach A. Penck).

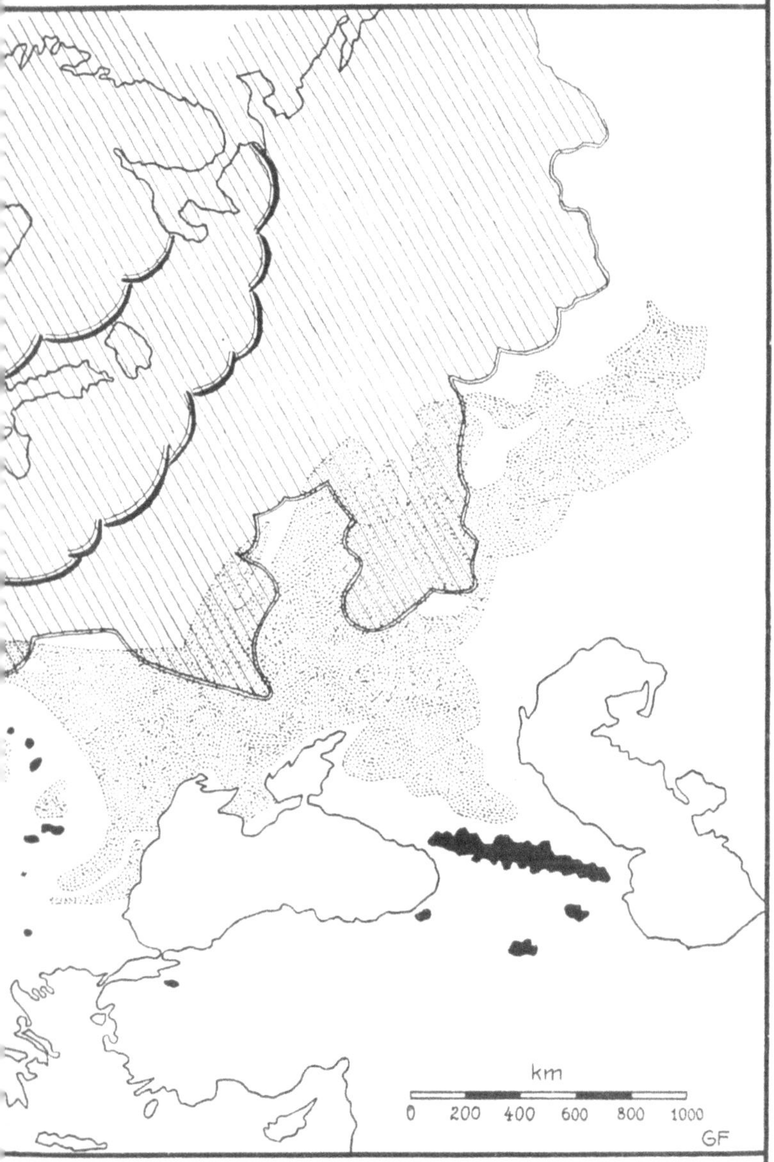

…enzüge — Alpine und örtliche Gletscher

…benböden während und nach der Eisbedeckung).

Karte der klimatischen Bod

…zonen in Europa (Nach E. Ramann).

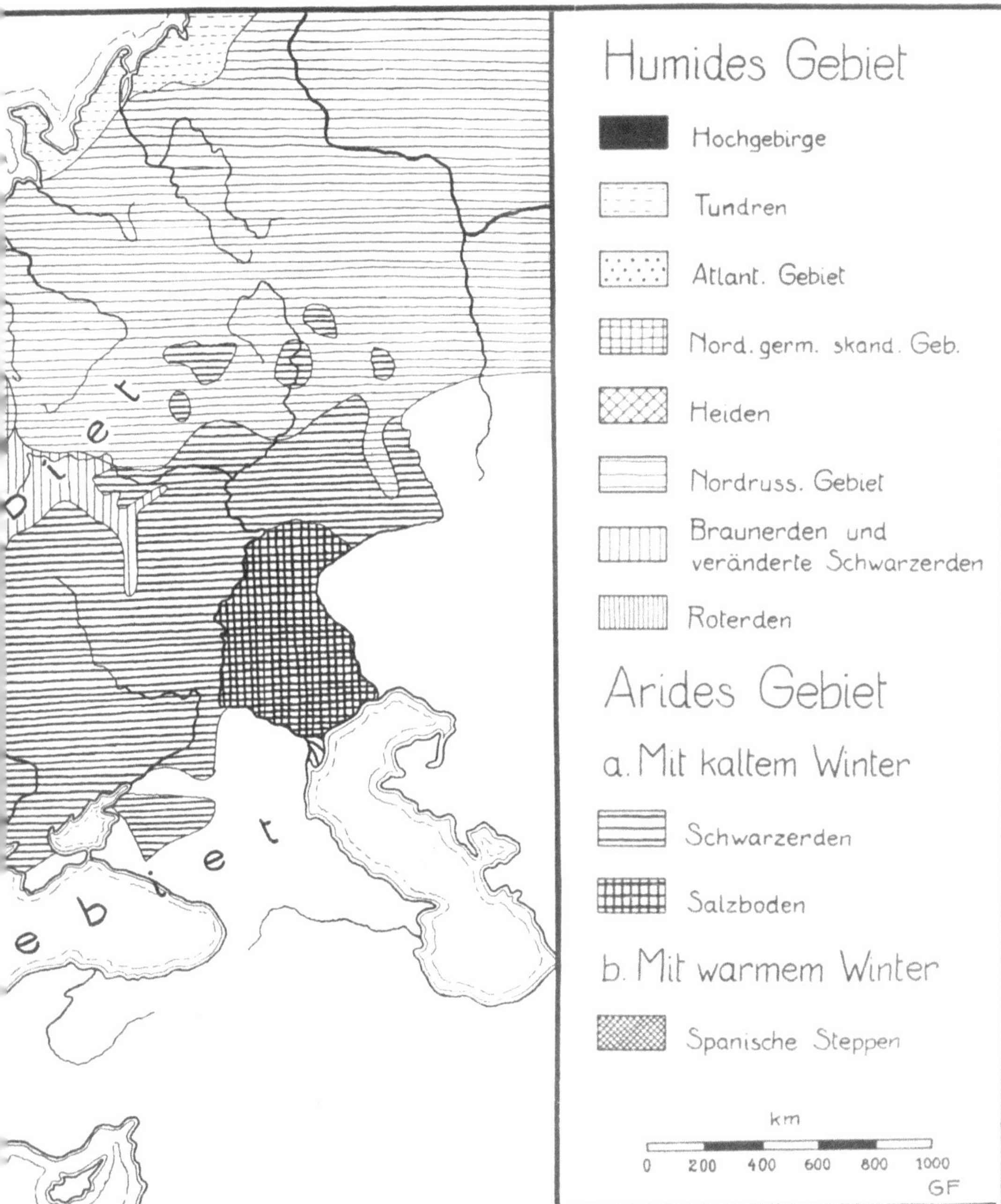

Kurzes chemisches Praktikum für Mediziner und Landwirte. Von **Fritz Arndt**, Professor für Chemie an der Universität Breslau. Siebente bis neunte Auflage. Oktav. VIII, 96 Seiten. 1926. Geb. M. 4.30

Agrarkrisen und Agrarzölle. Von Dr. **Max Sering**, Geh. Regierungsrat, o. Professor an der Universität Berlin. Mit 13 Abbildungen. Oktav. 112 Seiten. 1925. M. 4.50

Agrarpolitik. Von Dr. **August Skalweit**, o. Professor der Volkswirtschaftslehre an der Universität Kiel. Zweite, veränderte und erweiterte Ausgabe. Groß-Oktav. XII, 507 Seiten. 1924. M. 13.—, geb. M. 14.50
(Handbuch der Wirtschafts- und Sozialwissenschaften Band 17.)

Die Organisation der Pflanzenzucht und des Saatbaues in der deutschen Landwirtschaft. Von Dr. **Karl Heinrich Evers.** Groß-Oktav. 64 Seiten. 1924. M. 2.—
(Sozialwissenschaftliche Forschungen, Abteilung II, Heft 1.)

Deutscher Untergang oder Aufbau aus dem Boden. Von **Ernst Zander.** Groß-Oktav. 74 Seiten. 1924. M. 2.50

Gesetz über Landeskulturbehörden. Von **W. Holzapfel**, Geh. Oberjustizrat. Taschenformat. 176 Seiten. 1920. Geb. M. 2.—
(Guttentagsche Sammlung Preußischer Gesetze Band 57.)

Die Siedlungsgesetzgebung im Reich und in Preußen. Zusammengestellt und erläutert von **W. Holzapfel**, Geh. Oberjustizrat, Mitglied des Oberlandeskulturamts. Taschenformat. 349 Seiten. 1920. Geb. M. 3.—
(Guttentagsche Sammlung Deutscher Reichsgesetze Band 140.)

Umlegungsordnung. Von **W. Holzapfel**, Geh. Oberjustizrat. Taschenformat. 144 Seiten. 1921. M. 1.80
(Guttentagsche Sammlung Preußischer Gesetze Band 60.)

FSC
www.fsc.org
MIX
Papier | Fördert gute Waldnutzung
FSC® C083411

Zeitfracht Medien GmbH
Ferdinand-Jühlke-Straße 7
99095 Erfurt, Deutschland
produktsicherheit@kolibri360.de